机器视觉系列

工业机器视觉采像系统原理和设计

苏州恒途教育科技有限公司　组编
主　编　孙青海　郑永俊
副主编　洪云波　张洪喜　王志臣　汤　晶
参　编　林　杰　秦应化　王高尚　陈明泉　漆颖芳

机械工业出版社

本书以工业视觉系统中核心部件的原理和使用方法为主要内容，同时链接产业应用，介绍采像系统的选型和设计方法，提供较完整的视觉硬件系统理论和实践知识体系，让读者在工业实践中体验应用价值。

本书编著者为一线工程师或高校教研人员。书中涉及的知识点和案例均为正在使用和即将大规模使用的技术热点，主要包括工业视觉理论基础、工业相机、镜头、光源、工业读码器和典型项目硬件搭建实例等模块，适合工科类应用型本科、大中专院校和行业技术从业者学习使用。希望本书可以让初学者能更轻松地入门，对工业视觉有更深刻的认识，掌握工业视觉的基础理论和应用设计技术，也能更快地完成工业项目的应用实践。

联系编辑 QQ（296447532）获取 PPT 课件。

图书在版编目（CIP）数据

工业机器视觉采像系统原理和设计/苏州恒途教育科技有限公司组编；孙青海，郑永俊主编．—北京：机械工业出版社，2022.8（2024.8 重印）
（机器视觉系列）
ISBN 978-7-111-71244-2

Ⅰ.①工…　Ⅱ.①苏…②孙…③郑…　Ⅲ.①工业视觉系统-研究
Ⅳ.①TP399

中国版本图书馆 CIP 数据核字（2022）第 128463 号

机械工业出版社（北京市百万庄大街 22 号　邮政编码 100037）
策划编辑：周国萍　责任编辑：周国萍　刘本明
责任校对：王明欣　王　延　封面设计：马精明
责任印制：邓　博
北京盛通数码印刷有限公司印刷
2024 年 8 月第 1 版第 5 次印刷
169mm×239mm · 11 印张 · 211 千字
标准书号：ISBN 978-7-111-71244-2
定价：49.00 元

电话服务　　网络服务
客服电话：010-88361066　　机　工　官　网：www.cmpbook.com
010-88379833　　机　工　官　博：weibo.com/cmp1952
010-68326294　　金　书　网：www.golden-book.com
封底无防伪标均为盗版　　机工教育服务网：www.cmpedu.com

编 委 会

PREFACE

前言

机器视觉（Machine Vision）的概念最初在20世纪中期提出，它是伴随着计算机技术、电子技术、生物技术、光学技术以及数学等的发展而逐渐发展起来的一个重要科学技术分支。本书更专注于机器视觉在工业领域的应用。将机器视觉技术应用于工业生产领域，我们称之为工业机器视觉，也可简称为工业视觉。

机器视觉之所以大规模应用于工业生产领域，是由于智能制造设备对数字化、智能化和柔性化的迫切需求。

智能制造的快速发展，使机器视觉技术人才产生巨大缺口。在实际的行业应用中，工业视觉类技术人才职位主要分为视觉硬件工程师和视觉软件工程师。两者相互独立又相互支撑。从知识支撑点来看，软硬件一体的工程师培养很难一步到位，所以本书专注于视觉硬件技术人才的培养。以视觉硬件工程师为培养目标，以该职位的实际需求技能点为基础，反推该书的整个知识框架，搭建完整的培训体系；从理论基础到核心部件的原理及应用，再到典型应用案例；先整体认知，再分点对核心部件进行深入介绍，最后到整体硬件系统搭建和实践，以此形成一个完整的学习过程。

全书共8章。第1章综合介绍目前工业机器视觉系统应用的原理，从行业发展和行业应用的角度介绍视觉系统在整个自动化设备中所处的位置和作用，让读者从整体上了解本书的知识点。第2章重点介绍视觉系统在项目设计和软硬件使用过程中的工作原理、关键参数和要素，以视觉系统的组成和视觉系统的处理对象图像为着力点，让读者掌握视觉系统的组成，并了解图像的属性和在视觉系统中的核心位置。第3~7章重点介绍核心部件相机、图像采集卡、镜头、光源、工业读码器的工作原理、使用方法和选型方法；该部分以工业视觉知识体系为基础，结合产业技能需求，提供较完整的视觉硬件理论体系。第8章选取7个典型的硬件设计案例，从尺寸检测、有无检测、瑕疵检测等典型应用的角度，让读者将前几章所学到的知识综合应用于实践中，以达到学练结合的目的。

本书由孙青海、郑永俊任主编，洪云波、张洪喜、王志臣、汤晶任副主编，参编有林杰、秦应化、王高尚、陈明泉、漆颖芳。具体分工如下：第1~3章由孙青海、郑永俊和洪云波编写；第4章和第5章由孙青海、郑永俊、张洪喜、王高尚和汤晶编写；第6章和第7章由孙青海、王志臣、陈明泉和漆颖芳编写；第8章由孙青海、郑永俊、秦应化、林杰和汤晶编写；最终审核由孙青海和郑永俊完成。

本书得到了国内工业视觉领域众多公司和高校的帮助，在此一并表示感谢：苏州恒途教育科技有限公司、博捷威智能科技（苏州）有限公司、北京凌云光技术股份有限公司苏州分公司、广东奥普特科技股份有限公司、苏州鼎纳自动化科技有限公司、上海锡明光电科技有限公司、旭宇智能信息科技（东台）有限公司、开封技师学院、黑龙江工商学院、江西应用科技学院、南昌理工学院、哈尔滨远东理工大学、哈尔滨理工大学和沈阳工业大学。

为便于读者学习，赠送PPT课件，请联系QQ296447532获取。

虽然本书编著者有十几年的一线行业经验，但鉴于水平有限，难免会出现一些错误和疏漏，欢迎读者通过邮箱137028540@qq.com就如何完善本书提出宝贵的意见，同时欢迎愿意加入整个系列丛书开发过程的院校和企业通过邮箱和我们取得联系。

编著者

2022年7月

CONTENTS

目录

第1章

工业机器视觉系统组成和应用

本章内容提要

1. 工业机器视觉系统基础认知
2. 工业机器视觉系统的四大应用方向
3. 工业机器视觉系统的组成和工作流程

视觉技术是仿生学的一种应用体现，因此工业视觉的系统组成，包括其工作过程，我们都可以通过人类视觉的工作过程和原理来理解。本章将通过对比两者的模式详细讲述工业视觉典型系统的组成和工作过程，以提升读者对工业视觉系统组成和原理的认知。

在应用层面，视觉主要分为两大领域：科学研究和工业应用。本书主要介绍工业视觉，即视觉在工业领域的应用。目前，视觉在工业领域标准的应用功能有：有/无判断（Presence Check）、面积检测（Size Inspection）、方向检测（Direction Inspection）、角度检测（Angle Inspection）、尺寸测量（Dimension Measurement）、位置检测（Position Detection）、数量检测（Quantity Count）、图形匹配（Image Matching）、条码识别（Bar-code Reading）、字符识别（OCR）、颜色识别（Color Verification）等；从应用的种类上分为四大类：引导（Guide）、检测（Inspect）、测量（Gauge）及识别（Identify）。

1.1 工业机器视觉初印象

从某种意义上来讲，人类科学发展的历史就是一部“仿生学”的发展史。在历史的长河中，从最初的求生存，到求改善、求发展乃至求扩展是人类不断变化的自我需求。为了满足这些需求，人类不断从整个生物体系汲取能量、汲取知识，以期不断完善和提升自己，形成了文化、科学、工业等不同的领域分支。

从工业领域来看，引入智能制造的概念后，仿生学的概念被体现得更加明显。压力触感检测、扭力检测、机械手臂、语音交互、神经网络算法体系等，无一不是在人体本身器官功能感官认知的指引下通过科学技术的方法来实现。而视觉被引入工业应用领域，无疑是完善了人体器官的最后一块拼图，将冷冰冰的工业活动用眼睛进行细腻的观察。

1.1.1 机器视觉的概念

有一种说法是，在工业领域，眼睛是截至目前人类最后一个被取代的身体器官。所以，提到“视觉”，我们首先会想到“人眼”。人类用眼睛去感知世界和获取外部信息，进而做出相关的思维判断，那么对于“工业视觉”，通俗地讲就是应用在工业领域的“眼睛”，而在工业领域，执行的个体是一台台的机器，工业视觉就是这一台台机器的“眼睛”，用来协助机器采集外部相关信息。

从传感器学科和工业设备设计的角度来看，在工业领域应用的各种设备，其组成逻辑大概分成四类：

1. 采集者

采集者主要包含各种不同的传感器，用于采集外部世界的相关信息，比如位置、压力、温度、尺寸、类别、逻辑 I/O 信号等。采集到的信息是整个系统数据运算、逻辑处理的客观依据，而视觉即这些纷繁复杂的传感器中的一种。在视觉传感器进入工业领域之前，对于重复性好、规律性信息的采集，已经有比较多的传感器来实现。但对于那些重复性不好、有随机性，或者无规律信息的采集一直是一个难点。比如，对于流水线随机过来的一个工件位置信息的采集，或对于产品上随机出现的瑕疵面积信息的采集，此类信息用传统的传感器很难实现。

视觉就是作为一个新类别的传感器应用于工业领域，以解决无良好重复性信息、无规律信息采集的行业痛点。工业视觉就是应用于工业领域的视觉传感器一个新的技术分支。

常见的采集者包括：光电传感器、压力传感器、视觉传感器等。

2. 思考者

思考者的主要功能是基于采集者收集的信息，通过数据计算和逻辑处理判断设备当前所处的客观状态，之后和工艺需求做比对，做出决策，发出执行指令让执行者进行相应的动作输出。

常见的思考者包括：PLC、控制卡、控制软件等。

3. 执行者

执行者是直接作用于目标物体的部分，是主要的动力提供者，用于使物理世界发生变化。执行者被动地接收思考者的指令，并按指令执行相关动作，其执行结果引起采集者信息数据的变化。

常见的执行者包括：气缸、电动机、机械手、运动机构等。

4. 输出者

输出者提供的是人机交互的功能，将状态、信息、数据按照一定的模式呈现给第三方，是和用户互动的一个重要组成部分。因为涉及用户交互，所以在实际的应用中输出者通常又包含了信息输入的部分，不过该部分的信息输入并不是客观条件信息的输入，而是人为设定的信息的输入，比如：工艺参数、手动控制逻辑、强制执行逻辑信号等。

常见的输出者包括：触摸屏、指示灯、软件用户端、各种仪器的控制面板等。

包含视觉系统的工业设备如图 1-1 所示。

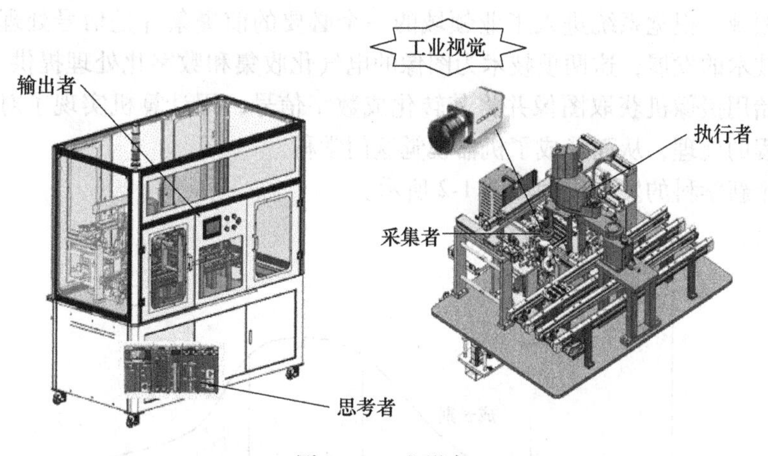

图 1-1　工业设备

从以上的文字表述和图示分解中，关于工业视觉的概念可以总结为以下几点：

1）以不断发展的计算机技术为基础，将相机的概念应用于工业领域称为工业视觉系统。

2）工业视觉是一套传感器系统，用来采集外部随机变化的信息。

3）工业视觉是工业设备的眼睛。

近 20 年来，随着各相关学科和计算机技术的发展，机器视觉技术发展迅速，并广泛应用于如医学辅助诊断、工业机器人、公共场所安全、虚拟现实等领域。美国制造工程师协会（Society of Manufacturing Engineers，SME）机器视觉分会和美国机器人工业协会（Robotic Industries Association，RIA）自动化视觉分会对机器视觉的定义为：“机器视觉（Machine Vision）是通过光学的装置和非接触的传感器自动地接收和处理一个真实物体的图像，通过分析图像获得所需信息或用于控制器运动的装置。”

1.1.2 工业视觉的优势和应用背景

在传统工业生产过程中，质量检测环节的出现，以及其要求的不断提高，侧面反映出人们对产品质量要求的提高。从无质量检测环节到出现该环节，从人工抽检到人工全检，再到加入机器抽检。到目前为止，已经有部分高品质要求的厂商开始对自己的产品进行机器质量全检，提出了零次品率的口号。

随着生产工艺复杂程度的急剧增加，为了满足人们对产品越来越高的质量要求，制造商在不断提高生产效率的同时也在加强对产品的质量控制，靠肉眼已经很难保证产品的质量和生产效率。

伴随着成像技术、计算机、图像处理等技术的发展，视觉系统开始逐渐进入工业领域。视觉系统进入工业领域的一个必要的前提条件是信号处理和计算机处理技术的发展，这两项技术为图像的电气化收集和数字化处理提供了支持，人们开始用摄像机获取图像并将其转化成数字信号，用计算机实现了对视觉信息全过程的处理，从而形成了机器视觉这门学科。

一个新学科的发展周期如图 1-2 所示。

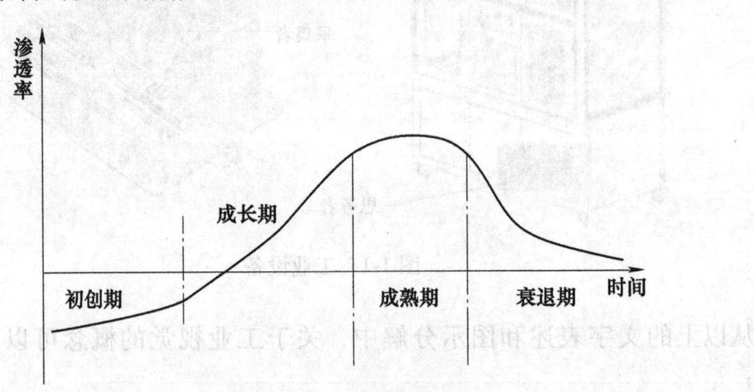

图 1-2　新学科的发展周期

在中国，工业视觉属于新兴领域，没有足够的技术积淀和人才积累，所以我们走过一条学习、改善、研发、创新的道路。进入 21 世纪，大批海外从事视觉行业的技术人员回国创业，视觉技术开始在自动化行业应用。

与此同时，国内的大中专院校、研究所开始不断加大对视觉技术理论和应用的研究，在理论的应用转换、技术的沉淀积累和人才的普及培养等方面，逐渐走出一条属于中国自己的视觉发展道路。

视觉技术进入工业领域从某种意义上来讲是优胜劣汰，是工业领域的自然选择，其诱发因素是人类对产品质量要求的提升。

在过去整整一个世纪中，产品质量的控制大概经历了如下几个阶段：

1. 质量检验阶段

最早的质量控制只是质量的检验，而检验的方式是人工对产品进行抽样检测，通过一些相对稳定的设备和仪表进行百分百检测，形成自己的产品数据。很多公司成立了专门的质量部对质量进行控制。在这个阶段，质量的保证更多是依靠人力。

2. 统计质量控制阶段

随着工业的发展，工厂的规模不断增加，企业经营者发现人工百分百检测产品耗费了大量的人力。一些著名的统计学家和质量管理专家尝试用统计学的原理来解决这一问题，使质量检测既经济又准确。1924 年，美国的休哈特提出了控制和预防缺陷的概念，并成功创造出“控制图”，把数理统计方法引入质量管理中。

3. 全面质量管理阶段

火箭、宇宙飞船、人造卫星等大型、精密和复杂产品的出现，对产品安全性、可靠性、经济性等要求越来越高，质量问题越来越突出。

传统的质量控制方法，大多是被动地等待产品质量问题的出现，有些贵重产品的瑕疵将会造成较大的经济损失，所以质量控制开始渗透到整个生产工艺中。最早提出全面质量管理概念的是美国通用电气公司质量经理阿德曼 · 费根堡姆，他在 1961 年出版了《全面质量控制》一书，提倡将质量管理渗透到市场研究、设计、生产和服务中去，把企业各部门的研制质量、维持质量和提高质量活动构成为一体的有效体系。

在漫长的质量管控的发展过程中，产品复杂度和产品精度要求的增加催生着传感器学科的发展，不断有新的为满足新的检测和控制需求的传感器产生。

图 1-3 列出了现代工业的典型需求，在这样的背景下更精确、柔性更好的传感器开始被工业领域期待，这个时候在其他行业又发生了两件事情：

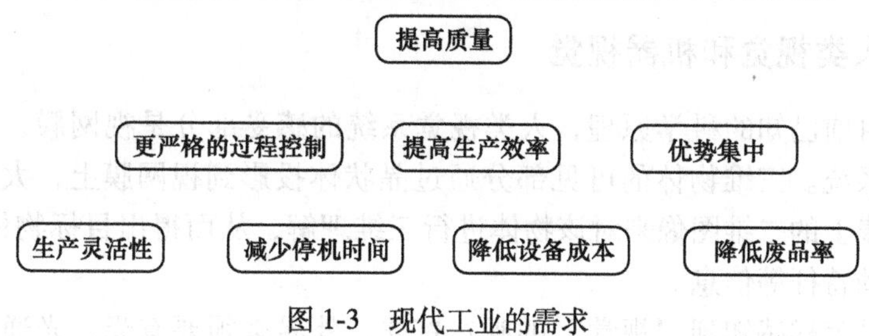

图 1-3　现代工业的需求

电气电子：光信号可以通过光电耦合和数模转换的形式转换为电信号。

计算机：通信和运算能力的提升。

于是，有市场需求、有技术支持，视觉技术进入工业领域水到渠成。工业视觉很好地匹配了市场需求，解决了行业痛点，见表1-1。

表 1-1　工业视觉和市场需求的匹配

市场需求	工业视觉优势
提高质量	检测、测量、计量和装配验证
提高生产效率	工业视觉代替可重复的任意工作，不知疲倦
生产灵活性	检测、测量和机器人引导、预先操作验证
减少停机时间	可以根据产品识别完成柔性切换
严格的流程控制	提供准确的实时过程数据，为数据追溯提供基础
降低成本	视觉系统提高了良品率，可以有效减少人力
安全可靠	可以对多个部件同时进行无接触式测量，避免损伤产品，安全可靠
产品柔性需求	检测对象广泛，适合某些人工作业有危险的工作环境
高精度	人工视觉难以满足要求的某些场合
连续性	因为没有人工操作，也就没有了人为造成的操作变化，可以多系统连续运行

虽然人类视觉最擅长对复杂、非结构化的场景进行定性解释，但是机器视觉凭借其精确性、重复性、客观性、运算速度快、成本低等特性，更适合对结构化场景进行定性测量。伴随着信息技术、现场总线技术的发展，工业视觉技术日臻成熟，已经成为现代工业活动中不可或缺的部分。

1.2 工业机器视觉系统基础认知

工业视觉系统是一套可以完整采集、传输、处理和输出物理图像信号的系统，包含了硬件和软件两大部分。一个典型的工业视觉系统包括光源、镜头、相机、图像采集卡和图像处理软件五大部分，辅以电气系统和执行系统，完成对信号的采集和应用。

1.2.1　人类视觉和机器视觉

按照目前已知的科学原理，人类视觉系统的感受部分是视网膜，它是一个三维采样系统。三维物体的可见部分通过晶状体投影到视网膜上，大脑按照投影到视网膜上的二维图像来对该物体进行三维理解，从而得出目标物体的形状、尺寸、运动特征等信息。

人眼是怎样感知到“视觉”的呢？首先，外界必须要有光，光通过晶状体映射在眼球后部的视网膜上，视网膜上有很多感光细胞，此时视神经会将这个信号传递给大脑，人就会感知到物体的光。这个成像过程其实也就是我们所熟知的“小孔成像”的过程。人眼的成像原理如图 1-4 所示。

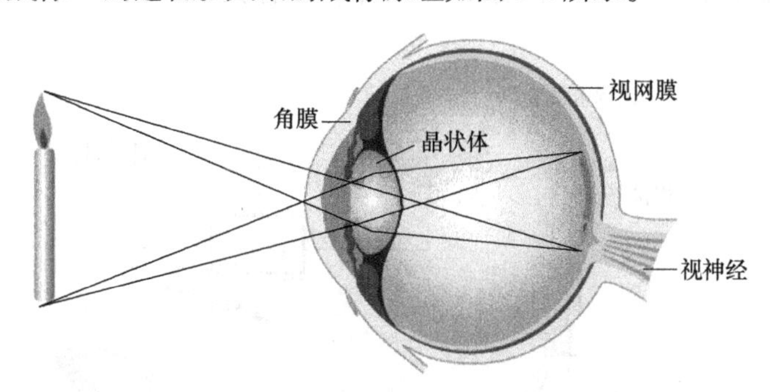

图 1-4　人眼的成像原理

在这个过程中，人眼看到的物体是光源发射出的光或者物体反射的光。人眼本身是一个可自我调节的精密光学系统，当物体通过晶状体在视网膜上成像时，分布于视网膜上的细胞得以感光并将辐射能转换为电脉冲信号，最终由大脑解码产生图像。视网膜上的感光细胞分为两种：视锥细胞和视杆细胞，分别对应人眼的明视觉和暗视觉。

那么一套工业机器视觉系统又是怎样的结构？和人类视觉又有怎样的异同呢？

工业机器视觉系统可实现数据的采集、传输、处理和输出。一个典型的工业机器视觉系统包括：光源、镜头、相机、图像采集卡和图像处理软件。

系统采用相机将被检测目标信息转换成图像信号，再通过图像采集卡将图像信号传送给主机，并使用专用的图像处理软件根据像素分布和亮度、颜色等信息转变成数字信号；图像处理软件通过一定的矩阵、线性变换，将原始图像转换成高对比度图像，对这些数字信号进行各种运算，以抽取目标特征，如面积、数量、位置、长度等，再根据预设的判断标准对数据进行解读和判断；最终根据判别的结果来控制现场的设备动作，以完成相关工艺。

所以，一套完整的工业机器视觉系统除包括其本身的采像功能之外，还可能有相应的执行系统。

以上综合介绍了工业机器视觉系统中各部分的基本功能。整个系统组成是基于工艺要求来匹配的，实现目标物体照明、成像光线调制、成像、信息传输、信息处理和输出。

需要说明的是，不同的应用工艺下系统组成会略有差异。

由图 1-5 所示的工业机器视觉系统组成，可以看到这样的一个过程：光源照到目标物体后，光线会反射进入光学镜组（镜头）并通过它到达图像传感单元（相机），图像传感单元将光信号转换为电信号，通过图像采集卡处理并传输到工业计算机，计算机通过图像处理软件对图像处理和分析后给出下一步的指令。

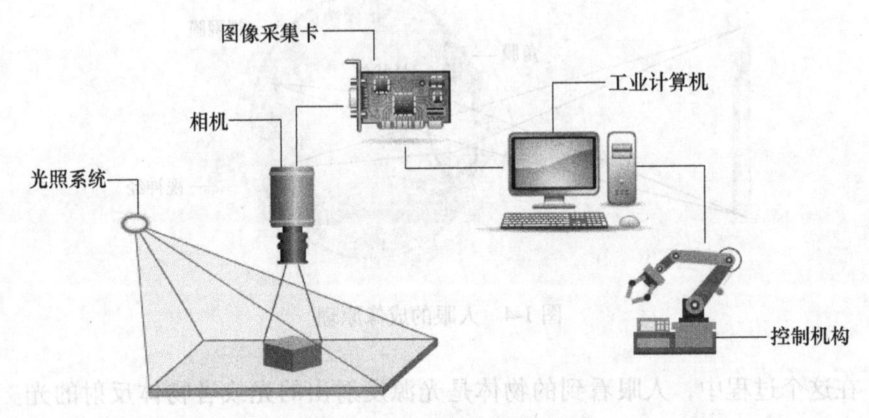

图 1-5 工业机器视觉系统组成

我们可以看到机器视觉在生物仿生学上的一些特点。理解人类视觉的产生过程，能更好地理解机器视觉的运行逻辑和原理。

1. 工业光源——自然光源

光是视觉成像的基础，需要通过物体的反射或者自身的发光，才可以描述物体的细节信息，进而完成成像功能。在工业视觉系统中，光源采用工业级的定制光源，提供不同形式和类别的光线，工业光源种类繁多，以满足不同需求。而人类视觉通过自然光或者生活用照明光源提供光线，以满足人类的视觉需求。

2. 镜头——晶状体

在工业机器视觉系统中，镜头的基本功能是实现光束变换（调制），以此将调制后的光线规律地照射在图像传感器的光敏面上，从而完成成像。这与人类视觉中晶状体功能相似，主要是对成像前的光线进行调制，以达到最佳成像效果。

3. 相机（CCD/CMOS）——视网膜

工业机器视觉系统的核心部件是相机，相机的核心部件是其成像的芯片，目前常用的两种芯片是 CCD 和 CMOS，本书后续会详细讲解，在此不做赘述。相机芯片是一种光电转换的装置，根据光能量的大小转换为不同的电信号，最终完成特征成像。人类视觉系统中视网膜同样是成像的载体，根据细胞对光的不同反应实现成像。两者的最终功能相似，只是实现方式不同。

4. 通信协议（物理连接/协议）**——视神经**

在人类视觉系统中，通过视神经将视网膜上的成像信息传输给大脑，供大脑进行下一步的处理和反应。在工业机器视觉系统中，通过定义行业通信协议，辅以硬件标准传输线将成像数据传输给下一步处理。

5. 图像处理系统（PC）**——大脑**

无论是工业机器视觉系统，还是人类视觉系统，都是一套数据采集系统，数据采集的最终目的是对数据进行处理和应用，所以其核心部分是对数据进行运算处理。在工业机器视觉系统中，使用系统软件，融合各种算法对成像信息进行数据化处理，以得到期望数据，类似于人类视觉中通过大脑分析并处理接收到的数据。处理后的数据再发送给第三方，以完成对应的功能。

人类视觉和机器视觉的对比如图 1-6 所示。

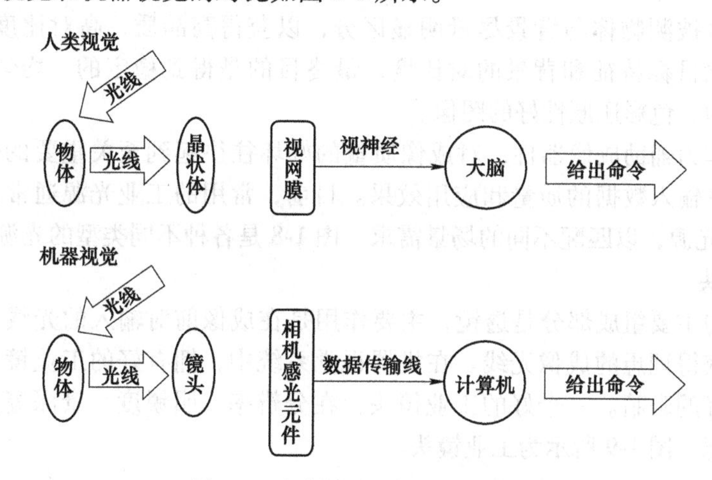

图 1-6　人类视觉和机器视觉对比

工业机器视觉技术的应用，本身是一个仿生学的应用过程，所以其工作原理和结构组成都可以从人类视觉的工作流程方面来理解。

1.2.2　工业机器视觉系统的基本组成详解

回到工业机器视觉系统本身，如之前所述，一个典型的工业机器视觉系统包括光源、镜头、工业相机、图像采集卡和图像处理软件五大部分。我们通过图 1-7 来详细分析各部分的功能。

1. 光源

工业机器视觉系统的核心是图像的采集和图像的处理两大环节。图像采集的质量是一个比较大的变量，如何稳定、连续地获取好的图片将直接决定系统的稳定性，所以光源在这个环节中扮演着重要角色。发光并实现照明的行为，

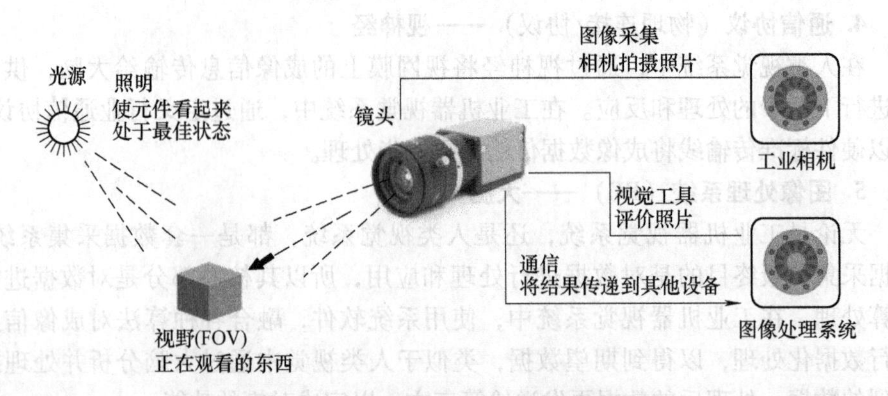

图 1-7 典型工业机器视觉系统组成

其目的是将被测物体与背景尽量明显区分，以获得高品质、高对比度的图像，并且最大化目标特征和背景的对比度，最终目的是得到稳定的、均匀性好的、对比度高的、色彩还原性好的图像。

光源作为辅助成像器件，对成像质量的好坏往往起到至关重要的作用，它直接决定着输入数据的质量和应用效果。目前，常用的工业光源通常选用定制化的 LED 光源，以匹配不同的场景需求。图 1-8 是各种不同类型的光源。

2. 镜头

镜头的主要组成部分是透镜，主要作用是在成像前对输入的光线进行光束调制，以获得理想的成像光线。在机器视觉系统中，拥有好的工业镜头就相当于人拥有好的眼睛。一个好的工业镜头，在分辨率、明锐度、景深等方面都有很好的体现。图 1-9 所示为工业镜头。

图 1-8 形形色色的光源

图 1-9 工业镜头

3. 工业相机

工业相机是成像的设备，是工业机器视觉系统中的一个关键组件，其本质的功能是将光信号转换成对应的电信号。相机直接决定着采集图像的分辨率、图像质量等，同时与整个系统运行模式直接相关。相机的核心部件是成像的芯片，芯片从材料上来看分为 CCD 和 CMOS 两种，其中 CCD 集成在半导体单晶材料上，而 CMOS 集成在被称作金属氧化物的半导体材料上。两者的工作原理并没有本质区别，只在制造工艺和成本上有差异。

目前只有索尼、松下、基恩士等少数几个厂商掌握了 CCD 技术，其制造工艺比较复杂，相对较贵。CMOS 的制作成本相对较低。在功能方面，相同像素下，CCD 成像通透性、明锐度很好，色彩还原、曝光可以保持基本准确；而 CMOS 的成像往往通透性一般，色彩还原能力偏弱，曝光也不太好。近些年 CMOS 技术发展迅速，在逐渐缩小和 CCD 之间的差距，因为其性价比较高，占据了越来越多的市场份额。图 1-10 所示为工业相机。

图 1-10　工业相机

4. 图像采集卡

图像采集卡的主要功能是实现图像数据的传输，将相机的成像信息传递给上位机的图像处理系统。相机从其信号形式上来分，可以分为模拟信号相机和数字信号相机。这两种信号的传输方式是不一样的。模拟信号相机主要通过图像采集卡实现图像采集，图像采集卡主要由视频输入、A/D 转换、时序及采集控制、图像处理、总线接口及控制、输出及控制等几大模块构成。

数字信号相机主要以通信模式完成信息的传递，其中千兆网协议（GigE）具有高效、高速、高性能的特点，是目前工业数字相机中发展最快的接口，同时也是可普遍应用的数字接口，几乎可全面取代模拟设备的相机接口。

无论是图像采集卡，还是千兆网口卡，目前都可以很好地集成在 PC 中。图像采集卡和千兆网口卡如图 1-11 所示。

5. 图像处理系统

图像处理系统的主要功能是通过视觉处理软件对接收的图像信息进行解析，以数字化的方式描述目标物体，从而得到可执行的信息数据。

图像处理系统嵌入在计算机系统中，可以最大程度地融合现有的计算机技术，比如 UI 开发、数据库处理等，有效提高系统的兼容性和扩展性。

目前主流的视觉开发软件，比如 Halcon、VisionPro、OpenCV 等都是以微软的 C 系列高级语言作为基础开发的。因为底层语言的一致性，并且越来越多的工控元件在按照 PC 嵌入式的模式发展，所以更容易通过微软的 Visual Studio 平台进行集成，相互之间可以有效嵌入，减少了不同部分交互数据的工作量。再

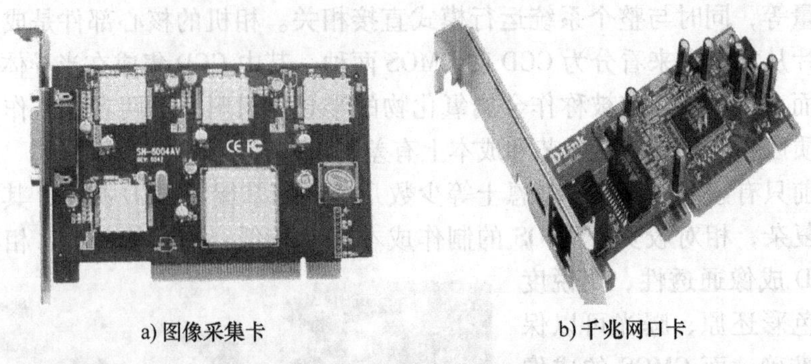

a) 图像采集卡　　b) 千兆网口卡

图 1-11　图像采集卡和千兆网口卡

借助计算机本身丰富的应用软件，比如 SQL、Access，可以快速开发出定制化的处理系统。

图像处理系统最终将得到的数据呈现给用户或者发送给第三方，以完成相应的工艺。图 1-12 为图像处理系统应用示意图。

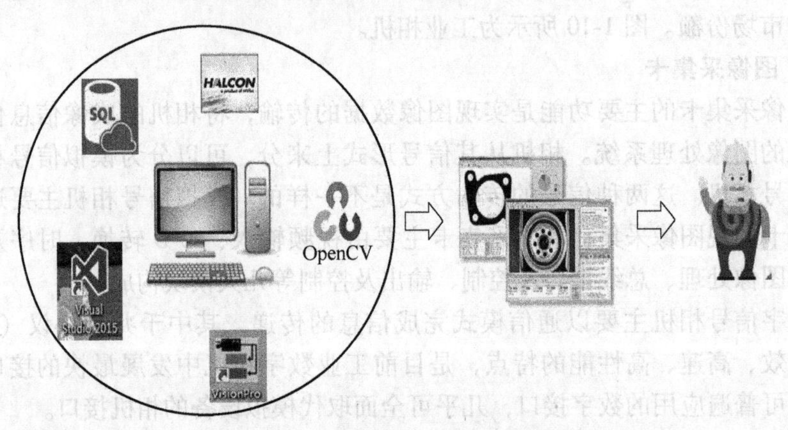

图 1-12　图像处理系统应用示意图

以上综合介绍了工业机器视觉系统中各组成部分的基本功能信息。整个系统组成是基于工艺要求来匹配的，实现目标物体照明、成像光线调制、成像、信息传输、信息处理和输出。

需要说明的是，不同的应用工艺下，系统组成会略有差异。

1.2.3　工业机器视觉系统的一般工作过程

工业机器视觉系统最终的目的是实现对图像数据的采集和分析。图 1-13 反映了整个工作过程中各环节实现的功能。

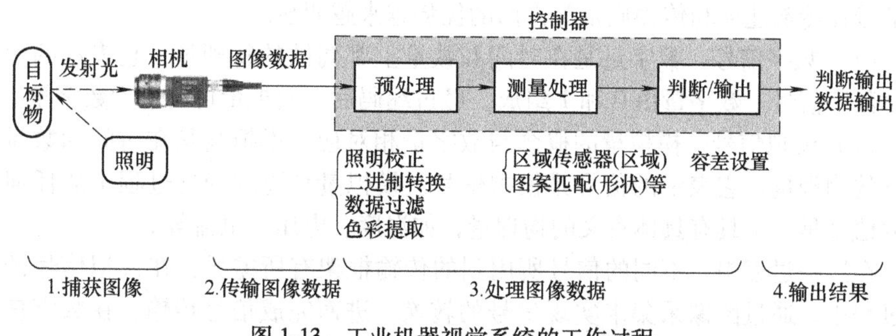

图 1-13　工业机器视觉系统的工作过程

第一阶段：捕获图像

系统的第一步是实现对物体的采像。通过光源照射实现对物体的特征描述，物体表面反射的光线经过镜头进行光线调制，被调制后的光线进入相机在芯片上成像，通过光电转换原理，根据不同区域接收的光信号能量不同，完成对物体细节的描述，从而完成对目标物体的图像捕获。

在这一阶段中，涉及的硬件有光源、镜头和相机。

光源：选用合适光源，通过物体对相应光线的吸收、反射和折射，实现对目标特征的细节描述。

镜头：对成像前的光线根据透镜原理进行调制，根据物体面积大小、工作距离、成像距离，实现对入射光线的工艺调制。

相机：其核心部分是成像芯片，它根据接收光线能量的不同，完成相应的光电转换，通过信号处理生成强弱不同的电信号或者数字信号，实现对目标物体的特征描述。

在这个过程中，其中最核心的作用是完成稳定、持续、特征和背景具有高对比度的成像。光源的选用和打光的模式尤其重要，图像质量的好坏直接决定整个工业机器视觉系统的稳定性。

第二阶段：传输图像数据

从数据形态和功能上来看，工业机器视觉系统的功能分为两大模块，即图像采集和图像处理。图像采集主要是通过光电转换的模式对物体进行物理成像，图像处理主要是通过各种算法对物体特征进行数据描述。所以两个模块间的信息交互是硬件和软件之间的转换，是物理信号和数字信号的转换。这个信息交互的过程就是第二阶段：传输图像数据。

在成像技术发展的过程中，两种主要信号模式是模拟信号和数字信号，两者目前共存于工业领域中。随着通信标准的统一和计算机应用技术的发展，数字信号在传输速度和传输质量等方面的优势越来越明显。

（1）数字信号　数字量是在时间和数量上都离散的物理量，它表示的信号就是数字信号。数字量由 0 和 1 组成。经过编码后，模拟量可转化为数字量。

（2）模拟信号　模拟量的概念与数字量相对应。模拟量是在时间和数量上连续的物理量，它表示的信号是模拟信号。模拟量在连续变化过程中的任何一个取值都是一个具有具体意义的物理量，如温度、电压、电流等。

在这一过程中，不同的信号所用到的传输框架有所差异：在模拟信号的传输过程中，通过图像采集卡实现信号的转换，进而完成信号传输：在数字信号的传输过程中，通过标准的通信接口和通信协议实现对数据的传输。在这个过程中目前通用的传输协议有 GigE、CameraLink、IEEE1394、USB 系列等。

第三阶段：处理图像数据

图像处理是通过处理系统和各种算法对图形进行数据化处理和描述，从而完成目标工艺要求。常规的工业应用中对图像的数据化处理，通常包括三大部分：预处理、测量处理和判断/输出。

（1）预处理　对于接收到的信号进行二次优化，通过算法增益进行照明校正或者特征加强，完成二进制转换、数据过滤和色彩提取。该过程通过介入外部因素，最大程度地优化接收到的原始数据。

（2）测量处理　根据工艺要求对特征数据进行深度处理，以获取需求目标。该部分是视觉处理算法的核心。视觉软件的功能主要就体现在其算法的丰富性、准确性和稳定性。目前已经逐渐形成了主流的稳定算法：滤波处理、数学形态学、灰度均衡、边缘检测、Blob 分析、阈值分割、模式匹配、坐标系空间转换等。根据实际的工艺需求，视觉算法的研究依然处于不断探索和完善的道路上。

（3）判断/输出　该过程在数据已经处理完成的基础上对数据进行逻辑处理，是工艺的最终需求。从生产工艺过程的角度来考虑，测量数据的最终目的是为了对目标物体进行判断，如判断有无、质量是否合格等。在这个过程中会将测量出来的数据和工艺需求的数据对比后进行逻辑判断。

图像处理阶段最终得到的是通过各种算法处理之后的特征数据，同时附加了和工艺需求数据对比之后的逻辑判断结果。

第四阶段：输出结果

输出结果是对测量数据进行应用的前提条件。在一套完整的工业控制系统中，工业机器视觉系统只是其中的一部分。工业控制系统通过工业机器视觉系统对目标物体进行图像采集和数据判断，其最终的数据结果输出给工程师用来对目标物体进行数据存档；输出给执行机构，比如机械手、PLC 等，指导其进行下一步工艺处理；输出给第三方系统，以满足第三方的数据输入需求。

工业机器视觉系统的整个数据处理过程与传统的信息采集和处理类似。随着视觉技术在工业领域的应用越来越广泛，从光源、镜头、相机的硬件开发到视觉软件算法，不同的环节都有不断完善的空间。在系统的稳定性、算法的准确性和处理速度等方面，随着大数据计算时代的来临，将会迸发新一轮的勃勃生机。

1.3　工业机器视觉系统应用

近些年来，随着工业制造的转型升级，工业视觉在军事、半导体/电子、计算机和外设、制药、包装、机械制造、物流分拣等领域的应用越来越广泛。工业机器视觉系统以其精确性高、重复性好、速度快、成本低、数据客观等特性在工业应用领域发挥着越来越重要的作用。

1.3.1　工业机器视觉系统的四大应用

工业自动化要想真正实现，需要高度智能化的工业机器人替代人类来完成一部分工作。如果想让智能机器人可以很好地替代人类工作，必须让它们拥有"视觉"。当工业机器人具备观察事物的能力时，才能够对事物进行合理的判断，从而做到智能、灵活地解决问题。

因此，可以代替人眼进行测量和判断的机器视觉十分重要。工业机器视觉系统可以通过机器视觉产品即图像摄取装置，将被摄取目标转换成图像信号，传送给专用的图像处理系统，得到被摄目标的形态信息，根据像素分布和亮度、颜色等信息，转变成数字信号，然后图像系统对这些信号进行各种运算来抽取目标的特征，进而根据判别的结果来控制现场的设备动作。

其主要的应用从功能上分为四大类：引导（Guide）、检测（Inspect）、测量（Gauge）、识别（Identify）。

1. 引导

引导是视觉的一项主要应用。视觉之于工业本身最大的变革是给设备装上了"眼睛"，典型视觉定位要求工业机器视觉系统能够快速准确地找到被测零件并确认其位置。比如在半导体封装领域，设备需要根据机器视觉取得的芯片位置信息调整拾取头，准确拾取芯片并进行装配。

引导系统分为信息采集、处理系统和物理执行系统两个模块，具体包括：视觉硬件、视觉软件、标定工具和运动机构。

（1）视觉硬件　通过光源、镜头、相机和相关的电气系统来实现目标物体位置的图片信息采集。

（2）视觉软件　通过数学模型分析处理图像数据，完成对物体位置信息的数据描述。

（3）标定工具　标定环节是连接相机世界和物理世界的通道，通过标准尺寸物体数据对比和数学建模，实现像素尺寸和物理尺寸的统一，即不同坐标系间的统一。

（4）运动机构　接收标定转变后的物体位置信息，在数据的引导下完成对目标物体位置的匹配。

由图 1-14 可以看到，运动机构可以是普通的多轴运动平台，也可以是 SCARA 机械手、六轴机械手等。标定工具常用棋盘格或圆点标定板，目的是获得精确的产品坐标位置。将坐标位置发送给运动机构，运动机构根据坐标位置进行动作，精确到达指定的目标位置，从而完成精确定位的生产任务。

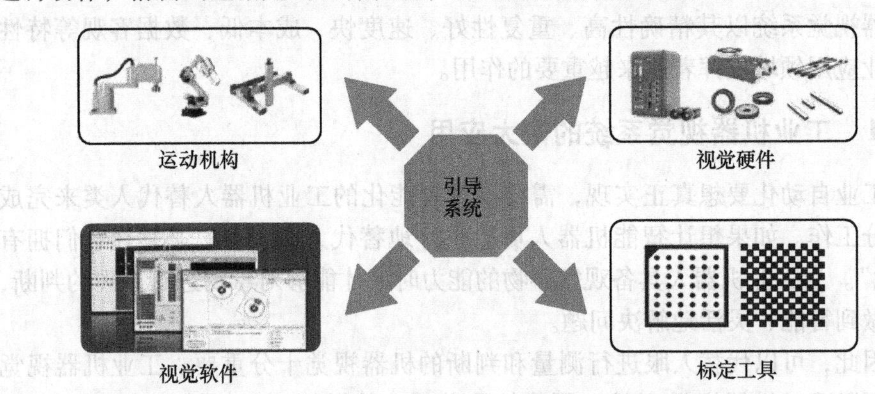

图 1-14　工业机器视觉系统引导应用的系统构成

在引导的过程中，描述一个物体的位置可以通过 2D 的方式来实现，也可以通过 2D 描述模型的空间叠加组合的模式实现对物体 3D 空间的物理描述。以 2D 方式描述为例，我们通常会选用质心坐标 $P(X, Y)$ 和旋转角度 θ（特征方向和标准方向的夹角）来实现对物体的位置描述（见图 1-15）。当然，物体的描述是一个复杂且成熟的数学问题。

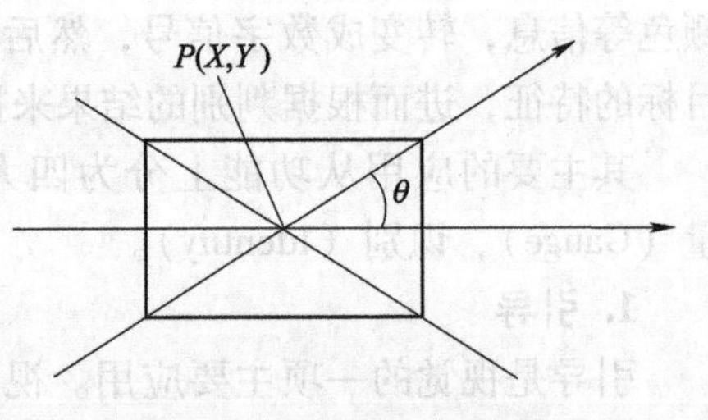

图 1-15　目标坐标信息

这种引导应用在工业上一般适用于机器人抓取和放置零件，视觉系统提供零件的（X，Y）坐标及角度坐标，在 2D 和 3D 视觉上都有很广泛的应用。引导实现了生产的自动化，使生产具有灵活性，同时也提高了生产的质量和效率。

2. 检测

随着消费者对产品质量要求的提升，外观质量要求越来越高。在很长一段时间，因为外观质量的随机性大、种类多等特性，只能通过肉眼检测，浪费了大量的人力和物力。随着外观检测技术的不断成熟，机器视觉外观检测被广泛应用于各个领域。将视觉应用于检测生产线上产品有无质量问题，是取代人工最多的环节。例如，在医药领域，机器视觉可实现产品有无检测、不合格产品检测、产品计数和表面缺陷检测等。通过工业机器视觉系统获取产品的图像，对产品图像进行实时的分析，特别是对产品的外观缺陷、缺失等做出准确的判断，从而控制生产的流程，可提高产品的质量和生产效率。

一般的检测应用有如图 1-16 所示的几个场景。

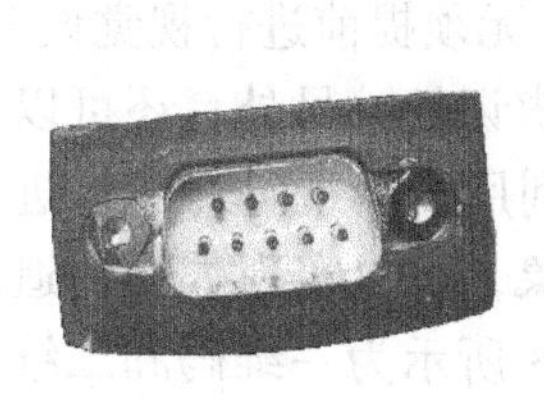

a) 缺失/有无检测

b) 产品计数

c) 外观缺陷检测

图 1-16　产品检测

3. 测量

在一些精度要求高、人工测量不方便的环节，测量应用非常广泛，如图 1-17 所示。

图 1-17　零件内径的测量

利用工业机器视觉系统快速反应和高精度的特点，对产品外观尺寸进行测量，相较于传统的测量方式，其优势体现在以下几个方面：

（1）测量速度快　工业机器视觉系统可以在非常短的时间内完成产品尺寸测量，并输出结果。

（2）无接触式测量　可以避免接触式测量产品时造成的损坏。特别是在高精尖的科技领域，对产品环境要求严格的情况下，工业机器视觉系统的测量方式优势突出。

（3）测量精度高　有些产品的精度较高，可达到 0.01 ~ 0.02mm 甚至微米级，肉眼无法检测，必须使用机器完成。随着工业机器视觉系统的硬件产品性能越来越高，其标定和测量技术不断优化，使得测量可达到非常高的精度，并且可以确保产品的公差。

（4）数据记录方便　使用工业机器视觉系统可以即时地保存测量数据，并可以通过一些数学方法对数据进行分析。

4. 识别

识别主要是对物体的信息进行采集和追踪。在产业数字化的进程中，描述单一物体的信息种类越来越多，所以对物体单一信息、多维信息以及对信息整体打包处理，目前广泛应用于医疗、物流和汽车等各个领域。

识别主要包含以下几种：

（1）条码读取　在元件识别应用中，工业机器视觉系统通过读取条码（一维码）、二维码、直接部件标识（DPM），以及标签和包装上的字符来识别元件。应用光学字符识别（OCR）能够读取字母、数字字符，无须提前进行视觉设置；而应用光学字符验证（OCV）则能够检查字符串的可辨识性。另外，还可以通过元件的特征来识别元件，例如颜色、形状或尺寸。利用机器视觉对图像进行处理、分析和理解，以识别各种不同模式的目标和对象，可以实现数据的追溯和采集，在汽车、食品、药品等行业应用较多。图 1-18 所示为一维码和二维码的读取。

图 1-18　一维码和二维码的读取

（2）字符识别和检测　在包装和印刷行业，对字符的处理需求比较多，通常有字符的识别（OCR）和字符的检测（OCV）这两种情况。使用视觉来对产品进行识别，最为广泛的应用是将产品信息直接标记在字符串上，以提高对产品的可追溯性。

（3）模式识别　模式识别一般基于颜色和形状等特征，主要应用于不规则物体的分拣与识别。

随着大数据时代的到来，数据的采集是不可逆转的趋势。产品过程、工艺参数的追踪都在不断地应用到视觉识别技术。目前各大视觉产品厂商已经在不断地丰富自身在条码识别领域的产品，不同类型读码器的出现使识别功能的应用、普及和推广变得更加迅速。

1.3.2　工业机器视觉系统的应用行业和发展趋势

机器视觉技术的最大优点是与被观测对象无接触，因此，对观测者与被观测者都不会产生任何损伤，十分安全可靠，这是其他传感方式无法比拟的。理论上，机器视觉可以观察到人眼观察不到的范围，如红外线、微波、超声波等；同时机器视觉可以利用传感器件形成红外线、微波、超声波等图像。另外，人眼无法长时间观察对象，但机器视觉则没有时间限制，而且具有很高的分辨精度和速度，显示出其无可比拟的优越性。表 1-2 是人类视觉与机器视觉的对比。

表 1-2　人类视觉与机器视觉的对比

性能	人类视觉	机器视觉
适应性	适应性强，可以在复杂环境中识别目标	适应性差，容易受背景和外部环境等因素影响
智能	具有高级智能，可运用逻辑分析及推理能力识别变化的目标，并进行总结	智能程度相对较差，虽然可利用人工智能及深度学习技术，但不能很好地识别变换目标
彩色识别能力	对色彩的识别能力强，但容易受心理变化的影响，不能进行强化	受硬件条件的约束，目前一般的图像采集系统对色彩的分辨能力较差，但是可量化
灰度识别能力	差，一般分辨 64 个灰度级	强，目前一般使用 256 个灰度级，采集系统可以具有 10bit/12bit/16bit 等灰度等级
空间识别能力	分辨力较差，不能观看细小的目标	强，目前有最高 4K×4K 的面阵相机和 8K 的线阵相机，观测范围可从微米级到天体目标
速度	0.1s 的视觉暂留使人眼无法看清快速移动的目标	快门时间可达到 10ms 左右，高速相机帧率可以达到 1000f/s 以上，处理器的速度越来越快
感光范围	400~750nm 范围内的可见光	从紫外到红外的较宽光谱范围，另外还有 X 光等特殊摄像装置
环境要求	对环境温度、湿度的适应性差，另外许多环境对人体有伤害	对环境适应性强，另外可以加强防护
观测精度	精度低，无法量化	精度高，可到微米级，易量化
其他	主观性，受心理影响，易疲劳	客观性，可连续性

机器视觉在工业领域的应用主要包括质量检测、产品分类、产品包装、机器人定位等；其应用行业包括印刷包装、汽车、半导体材料/元器件/连接器生产、药品、食品/烟草、纺织行业等。在各行业的整体应用过程，主要以尺寸检

测和信息追踪为主，以此适应和满足了现代工业发展过程中数字化和智能化的需求，使各行业的应用更加柔性化。

视觉技术应用40%~50%集中在半导体领域。半导体行业是机器视觉应用较早的行业之一，这是因为半导体行业有很重要的特性：产品产能高和元件精度高。在半导体产品检测过程中，人工检测无法满足要求。机器视觉在该行业的应用推广，对提高产品质量和生产效率起了举足轻重的作用。

表1-3是机器视觉在各行业中的应用。

表1-3 机器视觉在各行业中的应用

行业	行业应用场景	代表公司
3C行业	1）计算机生产中的液晶屏缺陷检测、外观检测等 2）光通信模块封装工艺丝网印刷效果检测 3）消费电子，如手机生产过程中电路板的元器件贴片（SMT贴片）	华为、中兴、烽火、华硕、苹果、三星等
半导体行业	1）晶圆制造 2）IC芯片封装 3）电路板缺陷检测	英特尔、AMD、英飞凌、高通、海思、中芯国际、紫光等
汽车制造行业	1）汽车零部件组装 2）汽车零件缺陷检测 3）车身车漆缺陷检测	大众、丰田、本田、上海通用、万向集团、福耀玻璃等
医药行业	1）药液封装，液位检测 2）药瓶标签文字检测 3）药物杂质检测	上海医药、药明康德、九洲药业、恒瑞医药等
新能源制造行业	1）新能源电池制造过程中的组装和检测工艺 2）硅片缺陷检测和分选	中能科技、裕兴股份、特变电工、比亚迪、宁德时代等
物流行业	1）物流传送时的货物分拣 2）物流流程控制中的条码扫描和记录 3）自动智慧物流小车视觉识别路径	中国邮政、京东物流、顺丰、圆通、申通等
包装印刷行业	1）产品包装 2）产品包装盒上的字符读取和检验 3）产品分拣	大胜达、海德堡、润天智、汉弘等
纺织行业	1）布匹颜色分类和检测 2）纺织品表面缺陷检测	金太阳家纺、永卓家纺、宝缦、水星、艾莎等

（续）

行业	行业应用场景	代表公司
食品加工行业	1）食品包装数量检测 2）食品缺陷检测 3）食品自动拾取定位	贝因美、海欣食品、双汇、蒙牛、伊利、海天等
烟草行业	1）烟草包装质量检查 2）烟草质量分级 3）烟草异物剔除	中国烟草等

工业机器视觉已经广泛应用于各个领域，并且可以预见未来会越来越多地以不同的方式出现在传统和新兴的领域之中。迄今为止已经出现过四次工业革命，在这四次工业革命或者升级了传统的技术，或者诞生了新的技术学科。图 1-19 所示为四次工业革命的时间和特点。

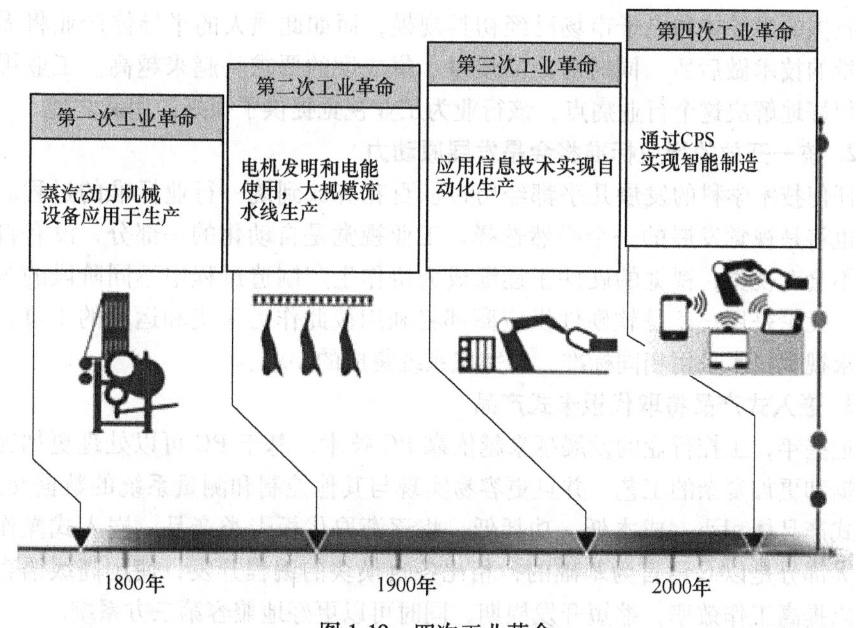

图 1-19　四次工业革命

在第四次工业革命中，大数据、云端、物联网等领域的技术将迎来全面的爆发，数据的采集、处理、算法的优化将变得格外重要。其中，视觉的应用将不可回避。

从技术迭代层面上看：

1）工业相机中视觉传感器在结构设计上的优化：CMOS 技术逐渐成熟并逐步在各领域替代 CCD；CMOS 提高数据采集维度及质量；动态视觉传感器实现像

素并行图像处理及多传感器信息融合。

2）视觉软件的图形化编程和第三方数据平台的相互嵌入。

3）深度学习和不同算法模型的不断丰富和稳定。

4）控制系统的PC化提升客户端的计算能力。

5）工业视觉和机器人搭配使用增加了系统设计的柔性。

从应用性层面上看：

1）深度学习技术在瑕疵检测领域的应用。

2）传感器技术的发展使得信息采集更加多样和准确。

3）智能设备需求的持续增加。

4）工业视觉和机械手、PLC、MES等交互的不断加强。

对于整个视觉技术学科，基于历史回顾和行业特性，会发现其发展将会综合呈现如下几个特点：

1. 市场需求处于上升阶段

我国的半导体和电子市场已经初具规模，而如此强大的半导体产业将需要高质量的技术做后盾，同时对产品质量、集成度的要求将越来越高。工业视觉可以很好地解决这个行业痛点，该行业为工业视觉提供了很好的用武之地。

2. 统一开放的行业标准将会是发展原动力

任何技术学科的发展几乎都经历过从百花齐放到统一行业标准的过程。标准化也将是视觉发展的一个必然选择。工业视觉是自动化的一部分，没有自动化就不会有视觉，视觉的硬件正逐渐成为协作生产制造过程中不同阶段的核心系统，无论是用户还是软硬件供应商都将利用彼此作为采集和运算的工具，这就要求视觉技术采用相同标准，以完成系统集成的要求。

3. 嵌入式产品将取代板卡式产品

近些年，工控行业的发展越来越依靠PC技术，基于PC可以处理更加庞大的数据和更加复杂的工艺，并且更容易实现与其他控制和测量系统的数据交互。嵌入式产品体积小、成本低、功耗低，将逐渐取代板卡类产品。嵌入式操作系统绝大部分是以C语言为基础的，相比各自模块的编程开发，使用高级语言开发可以提高工作效率，缩短开发周期，同时可以更好地兼容第三方系统。

4. 一体化解决方案将是视觉发展的另外一个方向

随着学科界限越来越模糊，单一模块已经很难满足市场的需求。工业视觉是自动控制系统的一部分，它需要与其他控制部分、执行部分、运算部分协同运行方可完成整体任务，任何单一模块的缺失都使得整体任务无法完成。

客户通常需要一个整体的解决方案。现在，越来越多的一体化方案集成商登上舞台，自动化企业正在倡导软件和硬件一体的解决方案，所以未来的工业视觉厂商也应该按照系统集成的模式来发展。

新技术总是伴随新的社会需求出现的。工业视觉的应用会进一步促进自动化向数字化和智能化方向发展，给冰冷的工业装备装上温柔的眼眸，它将会在第四次工业革命中留下浓墨重彩的一笔。

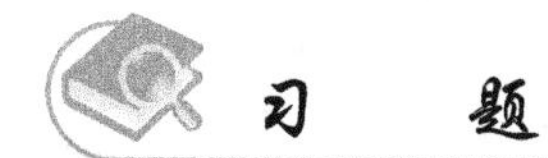

习　　题

1）工业视觉系统的工作过程是怎样的？

2）工业视觉系统的四大应用分别是哪些？

3）视觉引导应用中的标定起什么作用？

4）目前视觉在工业领域应用过程中的主要优势有哪些？

5）工业视觉未来发展有哪几个方向？

第2章

工业机器视觉成像系统工作原理

本章内容提要

1. 工业机器视觉系统工作原理
2. 工业机器视觉系统的核心载体——图像
3. 数字图像处理概述

工业视觉的成像从本质上来讲是光电转换的过程，即将光信号转换成电信号。转换为电信号之后进入传统的学科范畴，再通过模拟量和数字量转换，从而实现对图像进行数字化的处理。在整个视觉系统的运行过程中最重要的是采像和成像，这是对图像进行数字化处理的前提。

单纯就成像过程而言，涉及的硬件部分包括光源、镜头、相机和图像采集卡。根据实际的采像需求，搭载合适的硬件系统，构建一套适配性高的视觉硬件系统是采像和成像的关键。在这一过程中，选择合适硬件的前提是了解成像过程中相关硬件的原理和作用，以及各参数的作用和相互关系。本章将从总体上讲述视觉系统的成像原理和过程，以及整个过程中需要涉及的相关硬件和一些参数的概念。

2.1 工业机器视觉系统工作原理

2.1.1 视觉系统工作原理和过程

一套典型的视觉系统包括光源、镜头、相机、图像处理卡和软件系统。其中前四部分我们称之为硬件系统。硬件系统的主要作用是实现图像的采集，为软件处理做准备。典型的视觉系统硬件组成如图 2-1 所示。

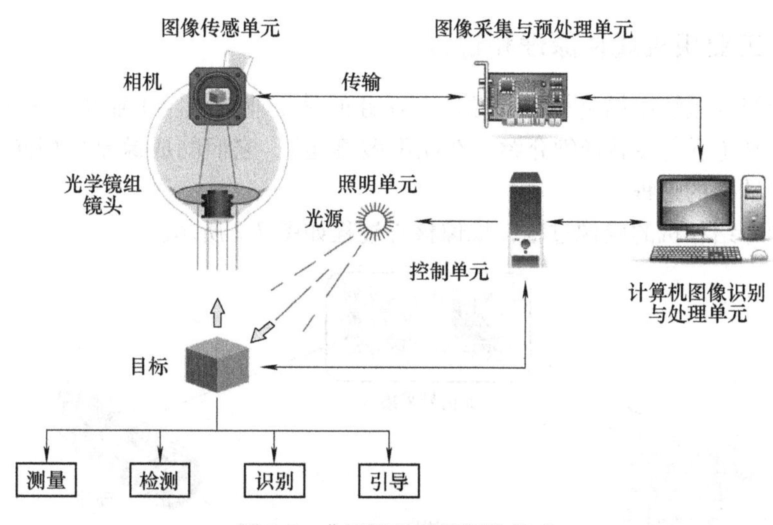

图 2-1　典型视觉系统硬件组成

工业机器视觉系统是指通过机器视觉产品（即工业相机作为采像主体），在光源、镜头等辅助单元的配合下对物体特征进行成像和细节描述，通过光电转换，把像素分布、颜色和亮度等信息转换成数字信号，形成数字图像。同时使用视觉分析系统对所需物体特征进行分析和提取，从而达到预设工艺要求。

视觉系统本身的主要功能是在光源的照射之下对被测物体进行细节成像，从而对物体的属性，例如位置、尺寸、数量、颜色等进行特征提取，为外部执行机构处理提供数据支持。

视觉系统采集信息的最终目的是为了实现对目标物体进行相应的控制和处理，各组成单元之间的关联如下：

工业机器视觉系统主要由照明单元、图像传感单元、图像采集与预处理单元、控制单元、计算机图像识别和处理单元组成。其中照明单元主要由光源和镜头组成，通过光线反射的角度、亮度等特征来描述物体特征，之后光线经过镜头的调制后进入图像传感单元。图像传感器单元分 CCD 和 CMOS 两种成像载体，对物体进行光电转换成像，成像后经由图像采集和预处理单元进行模数转换，同时传递给计算机图像识别和处理系统。

计算机图像识别和处理单元是整个系统的逻辑处理核心，通常包括图像处理软件和综合处理系统。图像处理软件对接收到的数字图像的位置、数量、颜色和面积大小等特征信息进行处理。综合处理系统对图像处理结果进行逻辑处理，同时结合整个系统的工艺要求完成对物体的测量、检测、识别和引导等动作。

2.1.2 工业相机成像原理和过程

整个视觉系统中最终执行成像这一任务的是工业相机。工业相机分 CCD 和 CMOS 两种（下文会做详细介绍，在此不做赘述），它们的成像原理相同，用于完成光电转换的过程。

下面介绍相机的成像过程，成像核心过程如图 2-2 所示。

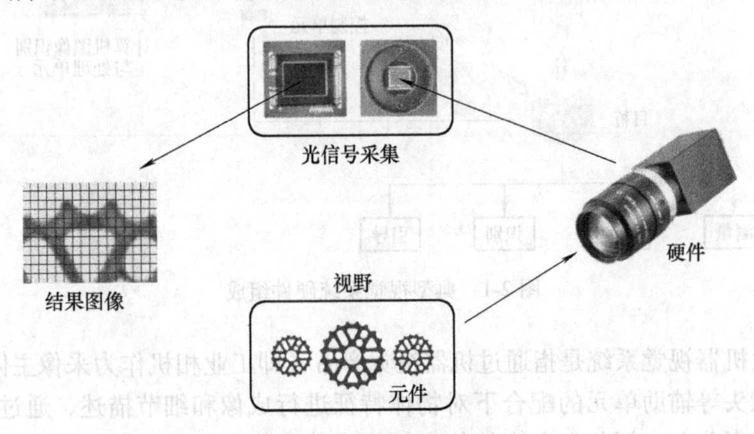

图 2-2 相机成像过程

在成像过程中相机能拍到的部分称为视野。从字面理解，就是肉眼可以看到的部分。相机采集到的部分称为结果图像，即相机世界呈现的结果。相机的成像即视野图像转换为结果图像的过程，这一转换过程的执行者是工业相机，确切地说是工业相机中的光电信号采集器。

那么这个过程到底是如何实现的？光信号又是如何转换成电信号的？又是基于什么才可以对最终图像进行数字化和数学化的处理呢？

首先，光如何进入相机？

众所周知，人眼之所以能看到物体的特征，是因为光线照射到物体表面之后，物体对光线有吸收、反射、折射等不同形态的反馈方式。在成像过程中，光照射到物体表面后发射的角度和方向、不同的光的能量则反映了物体的轮廓和细节特征，由图 2-3 所示光在成像过程中的路径和效果，可以看到同一个硬币由于光线的角度和方向不同造成图像的差异。

光线经过物体折射进入镜头，经镜头调制后进入相机成像芯片。此时进入成像芯片的光线即经过调制后的具备被测物体属性的光线。

其次，光电如何转换？

在讲述光电转换之前，我们先要熟悉一个常识，即模数转换。所有转换的目的是实现物理世界物体属性的数字化，有效地利用计算机科学来处理物理世

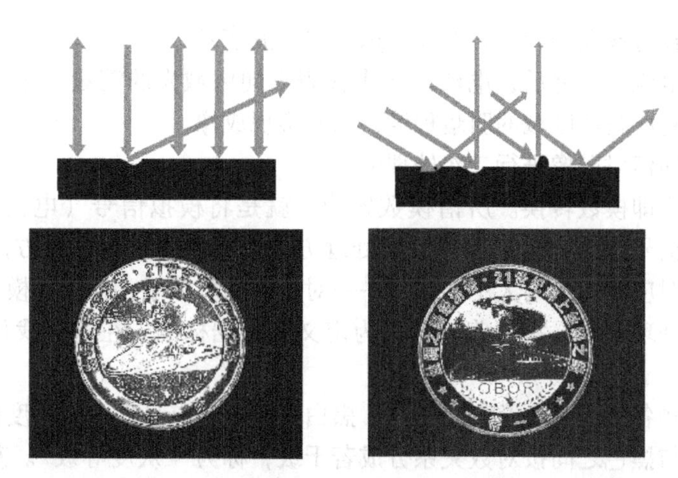

图 2-3　光在成像过程中的路径和效果

界中的关系。所以先通过光电转换实现光信号到电信号的转换，再通过模数转换把电信号转换成数字信号，这样就可以实现物理世界的数字化处理。

光电转换也是一门基础技术学科，其核心是将光线中的自由电离子进行定向梳理和放大，通过电子电路产生一定量的电压和电流信号（见图 2-4）。

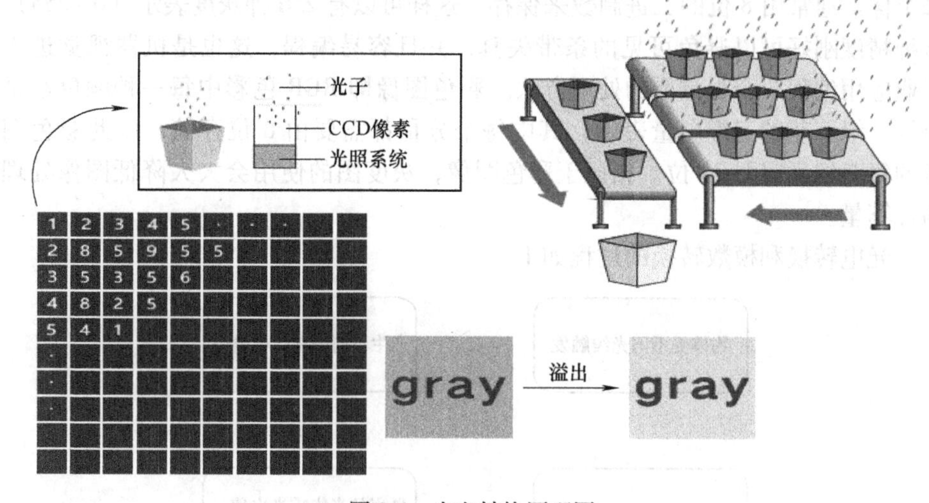

图 2-4　光电转换原理图

图 2-4 中，黑色的部分即工业相机的成像芯片，它是由若干个规则摆放的电子电路组成的（称为像元，后面会做详细介绍）。光经过镜头调制后以不同的角度将不同属性的光子照射在不同位置的像元上，不同位置的像元接收到不同数量的光子后，形成不同的电压。之后，不同数量的自由电子形成定向流动，则

形成电流，经过放大调制之后形成可识别的电流信号。

转换成电流信号之后，电流的大小代表不同区域光的能量大小，从成像的角度则反映对应物体区域的明暗程度，从而实现成像。

计算机如何对图像进行二次处理呢?

这一过程即模数转换。所谓模数转换，就是将模拟信号（电流、电压等）转换为数字信号。计算机处理和数学处理方法是密不可分的，其方法是指定一个数据标准对应模拟量的大小，形成一一对应的函数关系，即完成模数转换。

在视觉处理领域，灰度值就是人为定义的数据标准。在这里我们重点讲述一下灰度值。

由于景物各点的颜色及亮度不同，黑白图像上各点呈现不同程度的灰色。

把白色与黑色之间按对数关系分成若干级，称为“灰度等级”。灰度值为像元光强弱信息的表示，是真实世界图像量化的表现方法。灰度值范围一般从0到255（根据图像深度不同）。以8位深度的黑白图像为例，光线进入成像芯片产生的电信号达到像元感应的极限，则该像元成像后的像素为纯白色，对应内存中该像素的灰度值为255；如果完全没有光线进入像元，则此像元成像后的像素为纯黑色，对应内存中该像素的灰度值为0。

用灰度值表示的图片称为灰度图像，即通常所说的黑白图像。灰度图像的每个像素通常由8位的二进制数来保存，这样可以有256种灰度表示（0~255）。这种精度刚好可以避免可见的条带失真，并且容易编程，这也是机器视觉进入工业应用编程一个很重要的处理方法。彩色图像即RGB色彩中每一种颜色都是由红、绿、蓝的三维向量表示，其中每个分量都需要由8位存储，因此彩色图像的每个像素需要24位。相比于彩色图像，灰度图的使用会大大降低图像处理的计算量。

光电转换和模数转换的过程如下：

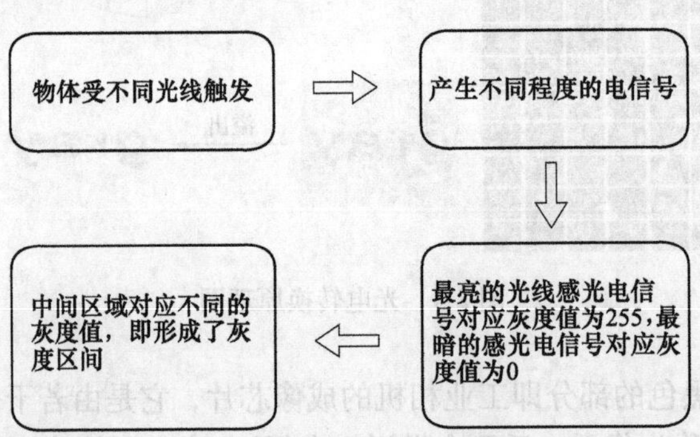

灰度值在视觉技术的过程中起着举足轻重的作用，连接了视觉成像和计算机技术，是打通视觉技术在工业化应用中的一个重要环节。引入灰度值后对于

一个图片的解析如图 2-5 所示。

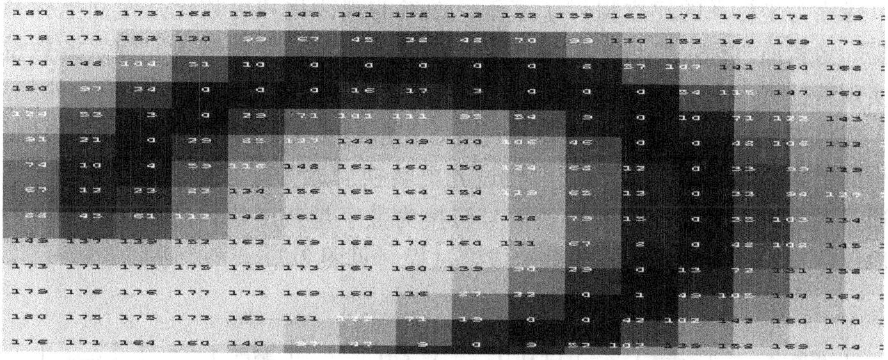

图 2-5　灰度图像放大后的效果

整个图像由一个个不同灰度值的方格组成，每个方格对应成像芯片中的一个像元，每个方格颜色深浅不同。颜色的深浅不同反应的是物体的特征。

最后，对于图像进行数学化处理的思路是怎样的呢？

在工业应用中视觉的主要应用是引导、检验、测量和识别。在应用过程中，系统主要通过视觉图像提取物体的位置信息、面积信息以及尺寸信息。

在一张已经用灰度值和像素定义之后的图像上附加上数学坐标，可以实现对物体的位置信息、面积信息和尺寸信息的采集（见图 2-6）。

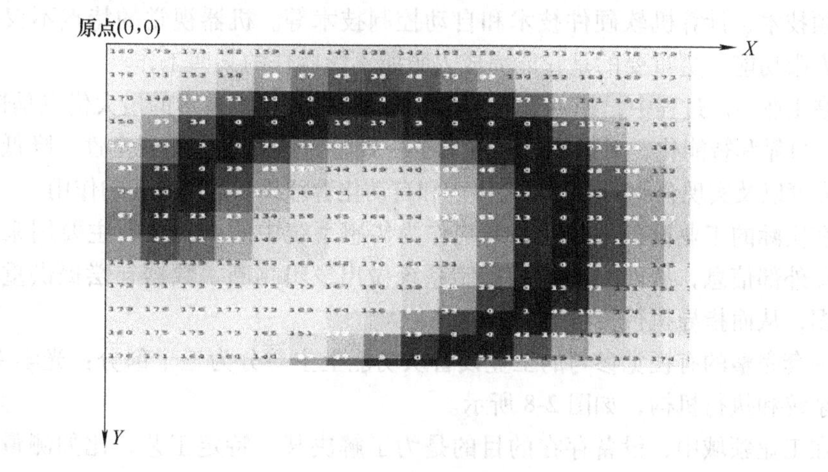

图 2-6　建立数学图像坐标系

建立数学图像坐标系是一次跨学科的关系建立，标志着图像进入数字化的处理模式，完成了图像的数字建模。在这个过程中，灰度值用来实现特征边缘的分割。图像处理的前提将特征从背景图像中提取出来，灰度值解决了这一问题。

像素为坐标系的建立提供了基础，像素的规律化和可数化是建立坐标系的前提。像素通过标定实现相机世界尺寸和物体世界尺寸的链接。像素的数量可以实现特征大小和面积的计算，像素的位置可以实现特征位置的计算。

成像的过程主要是信号的变化过程。光线经被测物体反射进入镜头，以光信号的模式进入成像芯片，之后经过光电转换后成为模拟信号（电压/电流），再通过模数转换将对应的模拟量信号转换为数字量灰度值，最后通过一定的通信协议传输给计算机，即完成整个成像过程（见图 2-7）。

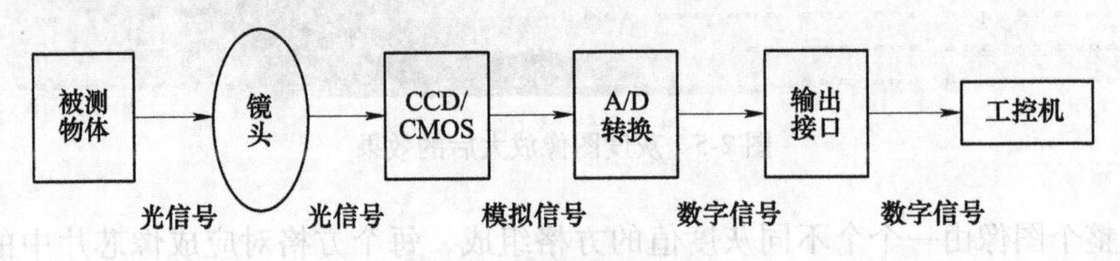

图 2-7　信号的变化过程

2.1.3　工业级视觉集成应用系统

机器视觉是用机器代替人眼进行目标对象的识别、判断和测量，主要研究用计算机来模拟人的视觉功能。机器视觉技术是一个综合的技术概念，包括视觉传感器技术、光源照明技术、光学成像技术、数字图像处理技术、模拟与数字视频技术、计算机软硬件技术和自动控制技术等。机器视觉的特点不仅在于模拟人眼功能，更重要的是它能完成人眼所不能胜任的某些工作。

在工业生产过程中，相对于传统检验方法，机器视觉技术的最大优点是快速、准确、可靠和智能化，对提高产品检验的一致性、产品生产的安全性、降低工人劳动强度以及实现企业的高效安全生产和自动化管理具有不可替代的作用。

在实际的工业设备中，视觉系统作为传感系统中的一部分，主要用来采集和感知外部信息，从而为最终的控制系统做出逻辑判断、数据补偿提供重要数据依据，从而指导执行机构完成任务。

一套完整的有视觉参与的工业设备从功能上主要分为三个部分：光学系统、控制系统和执行机构，如图 2-8 所示。

在工业领域中，设备存在的目的是为了解决某一特定工艺，比如测量、检测、识别和定位。要实现这一过程，主要需要解决以下问题：

1）了解需要处理的产品和相关配件的实际数据信息。

2）需要对采集的数据系统进行计算和逻辑处理，并形成实时闭环控制。

3）需要执行机构按照控制系统所发出的指令去实现物理动作，并通过传感系统实时采集反馈给综合控制系统，保持闭环控制。

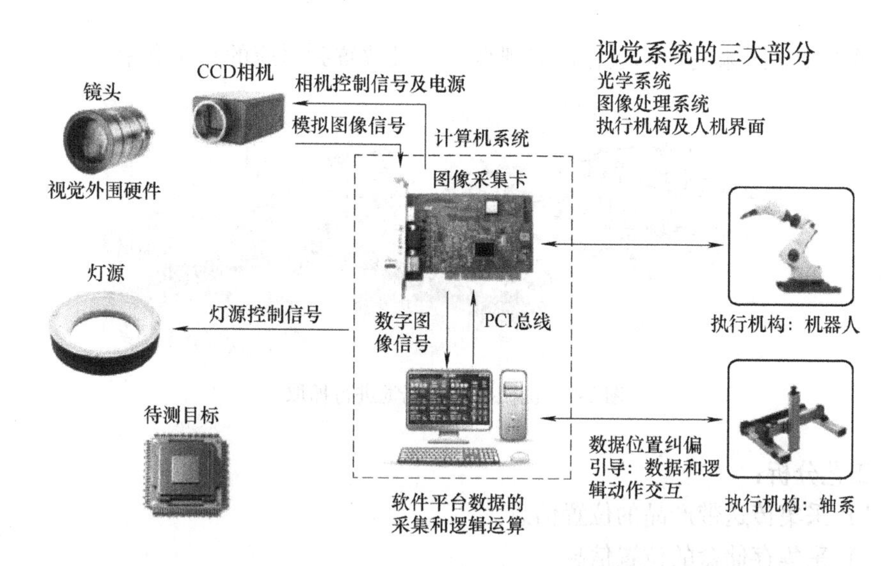

图 2-8　完整的工业机器视觉的三大部分

从工业设备的角度来讲，视觉系统所起到的作用是采集信息，并对信息进行处理。处理的结果传送到综合控制系统，综合控制系统结合整体工艺，根据视觉系统提供的数据进行二次处理完成综合控制指令。

各功能模块起到的作用如下：

1. 光学系统

光学系统其实就是视觉硬件系统，主要包括光源、镜头、相机和相关传输硬件。其主要作用是根据工艺要求采集对应的产品图像信息。

2. 控制系统

控制系统的概念是针对整体设备定义的。如果结合视觉系统，那么控制系统可以分为两部分：图像处理系统和综合控制系统。图像处理系统主要完成图像信息的数字化、特征提取、基于工艺的特征判断，并将处理结果和综合控制系统实施交互。综合控制系统包括除视觉系统之外的所有控制元素，包括各种传感器、运动控制器等。综合控制系统的主要作用是结合各子系统的实时情况，基于工艺要求完成综合控制运算。

3. 执行机构

该部分是直接作用于物理产品的部分，是控制系统最后的执行者，将会根据指令完成物料目标位置的移动，以实现工艺要求。其代表性机构有气缸、电动机、机械手等。执行机构每完成一个周期的动作，其实时状况受控制系统的扫描监控，如此循环即构成了整套控制系统的执行周期。

下面结合实际案例进一步说明要点：

工艺要求：对无序产品进行抓取和摆放，如图 2-9 所示。三个机械手将三条传送带上传送过来的产品进行准确抓取，并且放置到对应的存储盒中。

图 2-9　机械手通过视觉进行抓取

工艺分析：

1）采集传送带产品的位置信息。

2）采集存储盒的位置信息。

3）抓取动作的实现。

4）产品运送系统、存储盒运送系统和机械手控制系统的综合控制。

系统功能分析：

1）光学系统（视觉系统）：通过合适的硬件视觉系统（光源、镜头、相机）采集到产品图像。

2）控制系统：先通过图像处理系统对采集到的图像进行工艺处理，主要是获取产品的位置信息和存储盒的位置信息，并将位置信息传输给综合控制系统。综合系统结合机械手夹爪当前位置、产品位置、存储盒位置综合给出执行指令。

3）执行结构：机械手、气缸夹爪、传送带电动机执行相应动作，并通过其他传感装置将运动后的实时状态反馈给控制系统。

根据图 2-10 视觉处理后的结果给执行机构发送指令，完成了该系统的工艺

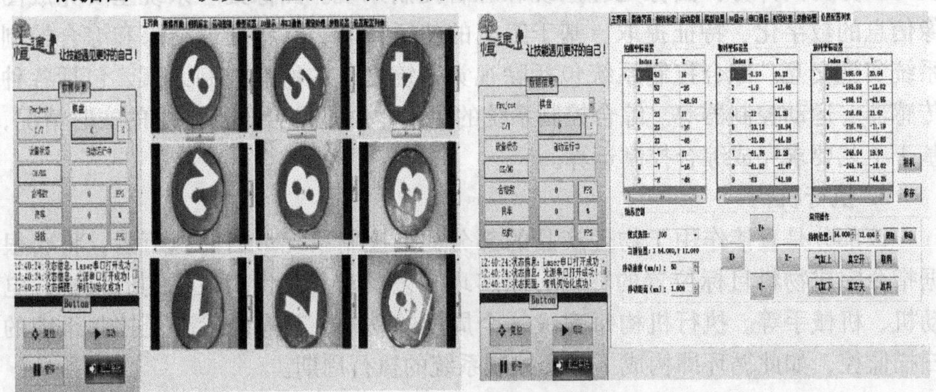

图 2-10　根据视觉处理后的结果给执行机构发送指令

要求。视觉应用使信息采集的方式、速度以及准确性都有了极大的提高，为工业自动化发展注入了新的活力。

2.2　工业机器视觉核心载体——图像

视觉系统的核心是对图像的处理。从图像的获取，图像的数学分析，图像的灰度变化、二值化处理、颜色处理、几何变换、降噪，到图像分析结果的输出，整个过程都是围绕图像本身进行的。所以进入视觉世界的第一环节是了解机器视觉图像的组成元素、相关参数和分析方法。

2.2.1　图像及其三要素

图像是视觉的基础，是物体的客观反映。“图”是物体反射或透射光的分布，“像”是视觉系统接收到外部信息后的最终呈现结果。照片、传真、卫星云图、影视画面、X 光片、脑电图、心电图等都是图像。

目前工业图像获取的主要方式是工业相机。随着计算机技术、数字采集技术、信号处理理论的不断完善，当图像开始被应用在工业领域，对其数字化的要求更加迫切。通过一系列技术处理，可将图像数字化为“数字图像”，从而使用计算机技术对其进行处理。机器视觉领域谈到的图像均为“数字图像”。

数字图像的三个组成要素为像素、分辨率和颜色。数字图像分析的过程中主要是对这三个因素进行分析。

1. 像素

像素是图像显示的基本单位，通常视为图像的最小完整采样。像素的英文单词是 Pixel，其中 Pix 是 Picture（图像）的缩写，加上英文单词 Element（元素），就得到 Pixel 这个组合词汇，所以“像素”表示“图像元素”，有时也被称为 Pel（Picture Element）。每个像素承载的是图像的特征信息和属性，所以像素并不是简单的一个小方格或者一个点，它是一组信息的抽象集成。在很多情况下像素采用点或者方框的形式显示出来，并且每个像素可以拥有自己的颜色信息。

所以，像素其实是使用计算机技术对采集的信息进行抽象，提炼出一个个的信息模块，再将这些模块进行排列组合，从而实现图像的数字化，也为图像分割、拼接等技术提供了理论基础。如图 2-11 所示，图像就是由一个个的小的点集合而成的，每个点或者方格就是一个像素，每个方格承载着颜色信息和位置信息，这样就组成了一幅像素图像。

图 2-11　数字图像

图像是像素的一个集合，所以像素是图像重要的组成元素。关于图像的定义和描述基本上都是围绕像素来完成的。单位面积像素越多，物体被呈现的细节就越精细，图像也就越接近真实物体。结合民用相机的使用经验，单位面积像素的多少即分辨率，其基本参数代表着相机成像的清晰度。

2. 分辨率

分辨率泛指图像或者显示系统对细节的分辨能力，分辨率决定了位图图像细节的精细程度。通常情况下，图像的分辨率越高，所包含的像素就越多，图像就越清晰，越能表现出更多的细节。同时，如果用机器存储，它也会增加文件占用的存储空间。

描述分辨率的单位有：DPI（Dot per Inch，点每英寸）、LPI（Line per Inch，线每英寸）、PPI（Pixel per Inch，像素每英寸）和 PPD（Pixels per Degree，角分辨率，像素每度）。其中只有 LPI 描述光学分辨率的尺度。虽然 DPI 和 PPI 也属于分辨率范畴内的单位，但是它们的含义与 LPI 不同。而且 LPI 与 DPI 无法换算，只能凭经验估算。

PPI 和 DPI 经常会出现混用现象。但是它们所适用的领域不同。从技术角度说，“像素”只存在于计算机显示领域，而“点”只出现于打印或印刷领域。

像素和分辨率的组合方式决定了图像数据量。例如，1in×1in 的两个图像，分辨率为 72PPI 的图像包含 72×72＝5184 个像素，而分辨率为 300PPI 的图像则包含 300×300＝9000 个像素。在打印时，高分辨率的图像要比低分辨率的图像包含更多的像素，因此，像素点更小，像素的密度更高，可以呈现更多细节和更细微的颜色过渡效果。

分辨率和像素的关系如下：

像素＝尺寸×分辨率

图像呈现的一条线、一个面、一张图像都是由最小的单位像素来表示的，可以简单理解为由一个个小方块组成，如图 2-12 所示。

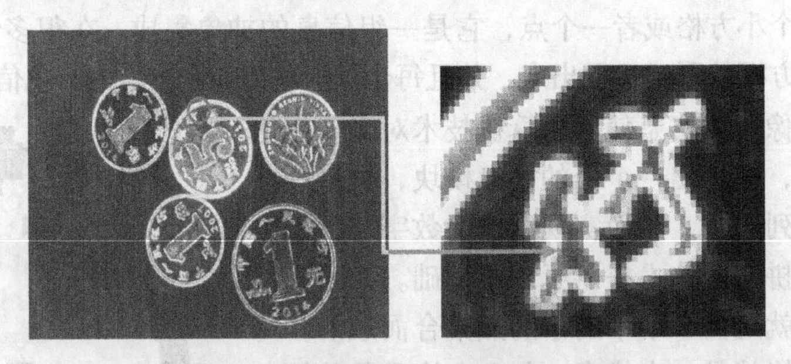

图 2-12　图像区域放大后的像素呈现

假设图 2-12 的图像分辨率为 1280×960，则意味着这张图像在竖向的高度上有 960 个像素块，在横向的宽度上有 1280 个像素块。图像中硬币上的字“行”的区域经过放大后，图像呈现出一个个的“小方块”，且边缘呈现锯齿状，这些小方块就代表着一个个像素。

我们通常用高（Hight）或者宽（Width）来描述图像的大小，也可能使用行数（Rows）和列数（Columns）来描述图像的大小，特别是在图像处理时经常使用。需要注意的是，这里的单位都是“个”，即表示在图像水平和垂直方向上的像素个数。

要注意区分以下几个概念：屏幕分辨率、图像分辨率和像素分辨率。初学者很容易搞混这几个概念。

屏幕分辨率是指屏幕每行的像素点数乘以每列的像素点数。每个屏幕都有自己的分辨率，分辨率越高，所呈现的色彩越真实，清晰度越高。这个概念通常用于民用设备，比如：计算机显示器、电视机、投影仪和手机等。通常所说的显示器的分辨率为 1920×1080，就是指这个显示器能达到的最大分辨率。图 2-13 是某品牌显示器参数说明，其中分辨率的参数即其显示器性能的主要参数。

屏幕		
	屏幕尺寸	16.1英寸
	屏幕色域	100% sRGB 色域（典型值）
	屏幕类型	IPS雾面屏
	屏幕比例	16：9
	分辨率	1920x1080像素
	可视角度	170度的宽广视角（典型值）
	PPI	137PPI（每英寸像素点）

图 2-13　某品牌显示器参数

图中 PPI（Pixels per Inch）也叫像素密度，所表示的是每英寸所拥有的像素数量。因此 PPI 数值越高，即代表显示器能够以越高的密度显示图像。很多时候我们不能单纯地以像素的多少来衡量屏幕的清晰程度，这是因为不同的屏幕大小不同。采用 PPI，就能忽视屏幕大小的因素，直接比较屏幕的清晰程度。屏幕的尺寸大小和 PPI 都是以对角线来计算的。

图像分辨率是指单位面积内的像素点数。像素的密度越大，图像越逼真，但是相应的文件也会越大，如图 2-14 所示。在机器视觉领域我们重点关注的是图像分辨率，在硬件选型中首先需要确认的参数即图像分辨率（相机分辨率），因为这与图像的成像精度息息相关。

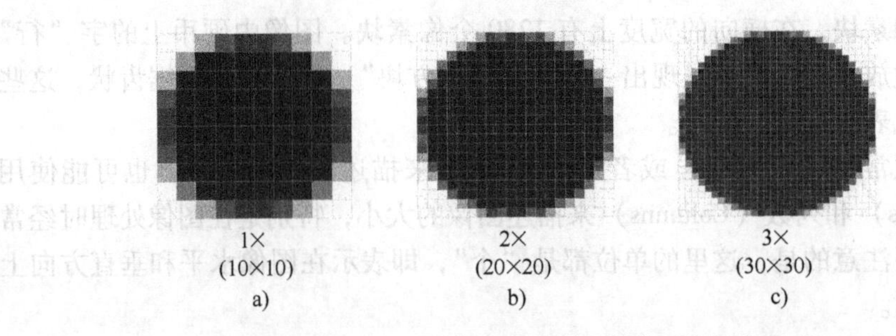

图 2-14　同一大小的目标在不同分辨率下的图像呈现

像素分辨率，指的是每个像素所代表的物理尺寸。像素分辨率主要是相机精度的体现，它与图像分辨率的概念有差异。像素分辨率主要应用于算法当中，是链接图像世界和物理世界的主要纽带。

3. 颜色

颜色是图像的一个重要特征。图像分为彩色图像和黑白图像两种，在实际的工业领域中对颜色有特殊需求时使用彩色图像，更多的工业应用场景采用黑白图像。颜色用颜色空间来表述。颜色空间也称彩色模型（又称彩色空间或彩色系统），它的用途是在某些标准下用通常可接受的方式对彩色加以说明。本质上，彩色模型就是用一组数值来描述颜色的数学模型。常用的颜色空间有 RGB、CMY、HSV、HIS、Lab、CIE 以及 YUV 等。

其中 RGB 彩色空间是目前最典型、最常用的一种空间理论。RGB 颜色空间以 R（Red，红）、G（Green，绿）、B（Blue，蓝）三种基本色为基础，进行不同程度的叠加，产生丰富而广泛的颜色，所以俗称三基色模式。RGB 模式可表示 1600 多万种不同的颜色，丰富的颜色组合模式使最终的呈现效果更加接近自然原色，所以又称自然色彩模式。红绿蓝代表可见光谱中的三种基本颜色（或称为三原色），每一种颜色按其亮度的不同分为 256 个等级，不同的混色比例能产生各种中间色。

RGB 颜色空间是图像处理中最基本、最常用、面向硬件的颜色空间。我们采集到的彩色图像，一般就是被分成 R、G、B 的成分加以保存的。RGB 颜色空间并不适合图像处理，更多是适用于显示系统，因为 RGB 颜色空间的分量与亮度的关联比较紧密，一旦亮度发生变化则用来描述颜色的三个分量将随之发生变化。实际成像过程中，RGB 颜色空间非常容易受到外界光线亮度以及是否被遮挡等情况的影响。

HIS 变换与 RGB 变换都是非线性变换，这种变换耗时多，无法满足在工业应用中实时采集的工艺需求。当然，非线性变换有自己独特的优势，即可以有效消除各颜色分量之间存在的相关性，但是这个过程的计算量比较大，并且运算时间较长。所以 RGB 颜色空间一般适用于非实时性要求和对色彩还原性要求比较高的场景。

不同的颜色空间描述方式有一定的差异，所关注的重点也各有不同。在实际的图像颜色处理过程中可以根据需求不同选用不同的颜色空间理论。本书不做深入介绍。

在机器视觉应用场景中以黑白图像为主，也称单通道图像，但是彩色应用的场景也在不断增加。本书以黑白图像为主，彩色图像为辅。RGB 模型如图 2-15 所示。

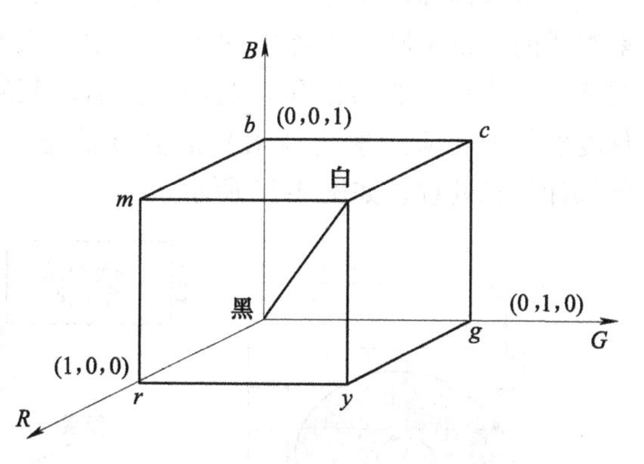

图 2-15　RGB 模型

2.2.2　数字图像

数字图像又称数码图像或数位图像。数字图像是一组像素的集合，其两大重要属性是位置和颜色（或亮度）。因此，可以用有限的数字来对像素集合进行表达，用离散的数据模式来表达光照位置和强度，从而组成数组或矩阵，完成图像的数字化过程。

数字成像过程就是模拟量转换为数字量的过程，即 A/D 转换。A/D 转换是一种在工业控制领域通用的信号处理过程。数字图像的形成过程如图 2-16 所示。

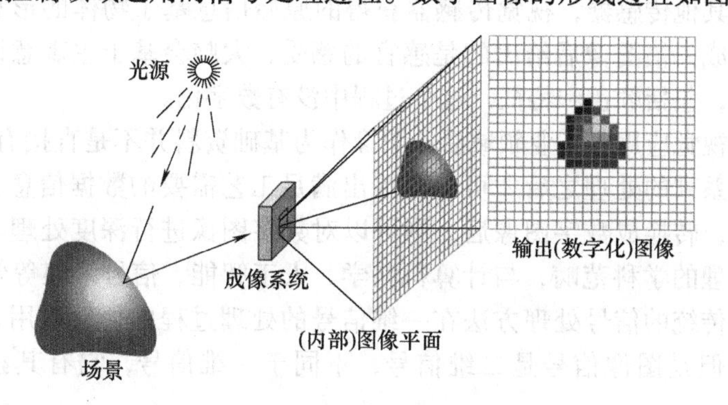

图 2-16　数字图像的形成过程

A/D 转换器的数字化过程分为采样和量化两个阶段。

采样是将图像在空间上离散化，通常是将二维空间中连续的图像在水平和垂直两个方向上等间距分割成矩形的网状结构，进而分割成若干个小方块，即像素。

离散后得到的像素的颜色幅值为连续量，将所得到的颜色幅值进行离散化的过程称为量化。

经过采样和量化之后，每个图像被离散为一个个的像素，成为一个个由像素组成的二维矩阵，矩阵中的每个元素代表着一个像素，在彩色图像中，每个像素包含着对应的颜色和亮度信息。引入灰度值的概念后，黑白图像用对应的灰度值代表对应元素（像素）的亮度信息，从而组成了一张完整的数字图像，可供计算机处理，如图 2-17 所示。

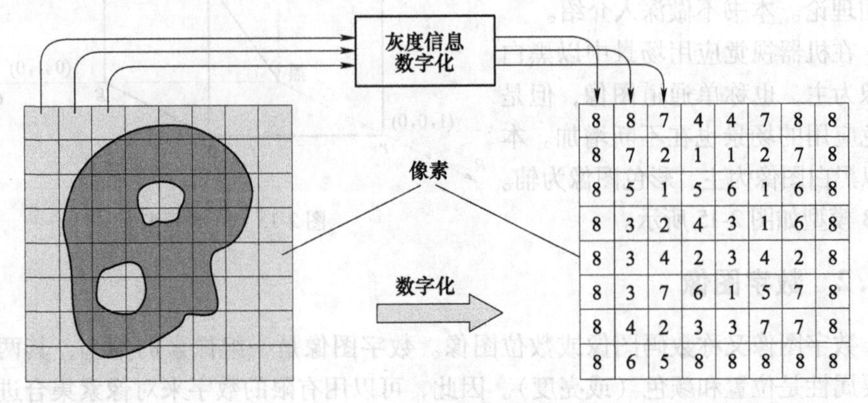

图 2-17　黑白图像数字化

2.2.3　数字图像处理

相比于其他传感器，视觉传感器获得的原始信息基于物体的形和色，在人类视觉中形成一幅图像后给出的是感官的感受，大脑会基于主观意识去寻找感兴趣的信息，包括颜色和特征，这个过程中没有数字化。

当机器视觉应用于工业领域后，图像作为基础资料并不是直接有效的信息，需要经过一系列的处理之后才可以提炼出满足工艺需要的数据信息。图像数字化是第一步，转换成数字图像后，则可以对数字图像进行深度处理。图像处理属于信号处理的学科范畴，与计算机科学、人工智能、信号采集等学科有着密切的关系。传统的信号处理方法在一维信号的处理过程中仍然适用，比如降噪和量化等。但是图像信号是二维信号，不同于一维信号，它有其独特的处理方法。

图像处理即对获取的图像进行一系列操作，以达到预期的目的：

1）对图像信息进行变换、编码和压缩，以方便图像数据的存储和传输。

2）提高图像的视觉感受质量，使人眼观察图像更舒适。

3）提取图像中的特征信息，如边缘、形状、颜色等，以便于获取想要的数据，用于工业生产、军事或民用等应用场景。

现实应用中，我们对图像进行处理，从浅到深有三个层次：

1）图像之间的变换：目的是改善图像质量，以达到一定的视觉效果。

2）图像分析：对图像中的目标进行提取，以获取坐标或特征等信息。

3）图像理解：研究图像中各目标的性质及相互关系，通过人工智能，延伸对客观世界的认识。

数字图像处理的方向非常多，主要可分为以下几类：

1. 图像增强

影响图像最终成像效果的因素非常多，比如外界光强度的变化、振动、外界条件变化、图像信号转换过程中的信号噪声、传输过程中的电磁干扰等，会使得图像质量降低。为了提高图像的质量，可采用抑制噪声、提高对比度、边缘锐化等方法，以便于观察和进一步分析。

图像增强具有很强的目的性，所以最终的处理效果以是否达到特定的目标效果为依据。在工业机器视觉中，通常是为了突出所需的信息，如目标轮廓、边缘、文字等信息。图像增强有两种方法：①空域增强，即直接对图像像素进行处理；②频域增强，它是通过对图像进行傅里叶变换后的频谱成分进行处理，再经过逆傅里叶变换得到所需图像。

图像增强的过程可表示为

$$g(x,y)=T[f(x,y)]$$

式中，$f(x,y)$是输入图像；$g(x,y)$是处理后的图像；T是对输入图像进行的一种操作。

2. 图像分割

图像分割是将图像中感兴趣的目标从背景中分离出来，便于提取目标的特征，进行目标的识别，作为判断和决策的依据。在工业机器视觉中，通常有边缘检测法、阈值法、二值化等。

在图像分割的所有方法中，二值化处理是一个基础处理方法。

图像分割的主要目的是找到临界点，所以在二值化处理图像时，会把大于某个临界灰度值（阈值）的像素灰度值设为灰度极大值（255，即白色），把小于这个值的像素灰度值设为灰度极小值（0，即黑色），从而实现图像的二值化。

二值化后的图像是一个非黑即白的图像，没有中间颜色，从特征还原性的角度来看这是一种精度交叉的处理方式。首先，图像的二值化有利于图像的进一步处理，使图像变得简单、数据量减小，容易凸显出目标特征。其次，要进行二值图像的处理与分析，首先要把灰度图像二值化，得到二值化图像。二值化处理在图像处理中占有很重要的地位，目前都已经有相对成熟的算法：

1）手动指定一个阈值，以此阈值来进行二值化处理；

2）自适应阈值二值化方法，通过设定两个参数来调整效果；

3）计算整幅图像的梯度灰度的平均值，以此平均值作为阈值；

4）设置阈值使目标与背景之间方差最大，称为最大类间方差法。

以上几种算法在不同软件平台都有封装，效果各有优劣，可以根据实际工艺需求选用。二值化的实际效果如图 2-18 所示。

图 2-18　图像的二值化处理前后对比

3. 图像分析

图像分析的输出结果是数据。计算机通过对存储目标的性质和相互关系进行分析，实现对图像目标的分类、识别和理解。图像分析的过程除对物体特征本身进行数据分析外，更重要的是关联外部工艺需求，基于工艺需求进行相应的处理。

习　题

1）机器视觉成像的本质和原理是什么？

2）什么是数字图像？

3）图像的分辨率、PPI、DPI 的含义各是什么？有什么区别？

4）图像处理有哪些常见的方法？

第3章

工业相机

本章内容提要

1. 工业相机的背景基础知识
2. 面阵相机和选型
3. 线阵相机和选型
4. 典型品牌相机介绍

人类社会的发展离不开工具的发明和使用。在工具的发展过程中，仿生学起了重要的作用。通过模拟触觉、听觉、嗅觉、味觉、视觉等各种感知方式，人类创造出非常多的工具，极大丰富了仿生学的发展成果。

在工业应用中，特别是智能制造中压力传感、机械手臂、语音交互、扭力检测和神经网络算法等技术，都是人类通过模拟自己的感官来实现的。相机从出现到应用于工业领域，是计算机技术、电子信号处理技术和市场发展需求综合作用的结果。

3.1 工业相机背景基础知识

本节主要介绍相机的发展历程，以及相机的分类、相机的主要特性参数、相机的成像器件和运行方式等基础知识。

3.1.1 工业相机的发展历程简述

相机的发明者是法国画家达盖尔（Daguerre），他1839年以自己发明的底片和显影技术（银版摄影法），结合哈谢尔夫发明的定影技术和维丘德发明的相纸，制成了世界上第一台相机。

随着半导体材料与器件制备技术的发展，人们开始考虑应用半导体器件来取代最早的采用控件二维扫描的电真空摄像管。

20 世纪 60 年代，开始出现了电荷注入器件（CID）、电荷耦合光电二极管（CCPD）、互补金属-氧化物-半导体（Complementary Metal Oxide Semiconductor，CMOS）等电荷传输器件或电荷转移器件。在 1970 年由美国贝尔实验室首先研制出来的 CCD（Charge-Coupled Device，电荷耦合器件）是一种新型的固体成像器件，也是最成功的固体成像器件之一。目前在摄像领域，CCD 摄像机几乎取代了真空器件的摄像机；在工业领域，CCD 由于具有高分辨率、高准确度、高稳定性等特点，得到了广泛的应用和高速的发展。

而另一种成像器件 CMOS 随着半导体制备技术的发展，也在光电成像领域有非常大的市场占有率。

3.1.2 工业相机分类

工业相机是一个相对于民用相机的说法，主要指应用于工业领域的采像设备。工业相机的分类见表 3-1。

表 3-1 工业相机的分类

划分类型	对应相机名称
芯片类型	CCD 相机
	CMOS 相机
输出信号	模拟相机
	数字相机
按像元排列方式	面阵相机
	线阵相机
拍照颜色	黑白相机
	彩色相机
图像维度	2D 相机
	3D 相机
视觉处理器	PC 相机
	嵌入式相机
	智能相机

1. 按芯片类型划分

CCD 相机：由电荷耦合器件构成的相机。

CMOS 相机：由互补金属-氧化物-半导体器件构成的相机。

这两种类型的相机主要是通过感光传感器的构成材料来划分的。CCD 相机和 CMOS 相机的成像原理相同，都是利用光敏器件将光信号转化为电信号。区别在于 CMOS 的有效感光面积是整个单元的一部分，不如 CCD 的有效感光面积大，使得成像质量不如 CCD。

2. 按输出信号划分

模拟相机：图像传感器在采集图像时输出信号为模拟信号的相机。模拟相机比数字相机结构简单、价格便宜，但是它在分辨率（TV 线数）和帧率上都有很大的限制，噪声一般也比较大。

数字相机：图像传感器在采集图像时输出信号为数字信号的相机。数字相机通常比模拟相机价格高，但稳定性更好，计算机处理其图像数据也更方便。

3. 按像元排列方式划分

面阵相机：相机感光元件（CCD 或 CMOS）由一个个非常小的感光单元（像元）构成，一般呈矩阵排列。面阵相机的感光单元由多行和多列排列成矩形。

线阵相机：相机的感光单元由一行或几行排列构成。

由于感光单元的排列方式不同，在使用过程中，成像的外部处理方式也不同，线阵相机一般需要相对运动生成完整的图像。

4. 按拍照颜色划分

黑白相机：拍摄的图像为灰度图像的相机。

彩色相机：拍摄的图像为彩色图像的相机。

两者的区别在于成像时的颜色通道数不同。彩色相机价格一般高于黑白相机。

5. 按图像维度划分

2D 相机：也称平面相机，相机拍摄的图像为 2D 数据信息，没有其他还原深度的工具，只能反映平面上的图像数据。

3D 相机：也称立体相机。相机拍摄的图像可以反映 3D 数据信息。

6. 按相机视觉处理器划分

PC 相机：目前工业中应用非常广泛的一种方式，通常是由工业相机+PC 的方式组成。

嵌入式相机：由摄像头+ARM 的方式组成。

智能相机：由摄像头+ARM、摄像头+FPGA 的方式组成。

当然，随着机器学习在工业领域的应用和发展，也出现了非常多的嵌入式智能相机，为工业生产的柔性化、智能化生产提供了更多的支持。

3.1.3　工业相机主要特性参数

工业相机的产品种类非常多，目前市面上常见的工业相机都会有以下特性参数，以体现其性能和特点，同时也包含了我们选择相机时需要考虑到的一些因素。

1. 芯片尺寸

芯片是相机的核心部分，决定了相机的主要性能，其主要功能是将目标物的光信号转换为数字信号，进而形成数字图像。面阵相机和线阵相机芯片的外形如图 3-1 所示。

图 3-1 面阵相机和线阵相机芯片外形图

传统的芯片外形为矩形。以面阵相机芯片为例，通常其大小都是行业内的标准规格，且其长宽比固定。芯片尺寸见表 3-2。

表 3-2 芯片尺寸

芯片尺寸/in	对角线长度/mm	长度/mm	宽度/mm
1/4	4. 5	3. 6	2. 7
1/3	6	4. 8	3. 6
1/2. 5	7. 182	5. 76	4. 29
1/2	8	6. 4	4. 8
1/1. 8	8. 933	7. 176	5. 319
2/3	11	8. 8	6. 6
1	16	12. 8	9. 6
4/3	22. 5	18. 8	13. 5

描述相机芯片的尺寸一般以 in 为单位，通常以符号“" ”来表示。注意，在相机芯片的尺寸规定里，1in 并不是我们通常说的 25. 4mm，而是 16. 0mm，且通常是以芯片的对角线尺寸来描述芯片的尺寸。表中所列芯片尺寸是 2/3in，则表示此芯片的对角线尺寸为 2/3in，即对角长度为 11. 0mm，芯片长度为 8. 8mm，宽度为 6. 6mm。对于成像芯片，为什么这里的 1in 不是 25. 4mm 呢？其原因是早期的成像核心部件是真空摄像管，常见的外径是 1in，考虑到外壳封装占据的空间，真正能用于显示的圆面直径只有 16mm。

另外，并不是所有的成像芯片都是按照 1in = 16mm 来计算长度的，只有对角线长度大于等于 8mm 时，才会使用 16mm 规范，对于对角线长度小于 8mm 的情况，1in = 18mm。

2. 分辨率

在解释分辨率前，我们先了解一个概念：像元。在前面章节的学习中，我们了解图像是由一个个像素组成的。图像是由图像采集系统获取的，工业上使用工业相机获得产品的图像。相机的核心部件是芯片，而芯片的最小组成单位即像元。像元的尺寸一般为微米级（3~10μm）。相机的像元尺寸可以通过相机生产厂家的产品资料查询。

面阵相机的分辨率通常有两种表现形式：1）用相机所拍摄图像的像素个数来表示，即图像宽度方向的像素个数乘以高度方向的像素个数；2）相机的有效像元个数，即相机芯片上长度方向的有效像元个数乘以宽度方向的有效像元个数。

3. 帧率（FPS）

相机每秒钟拍摄的帧数，单位为 Frame/s（帧每秒）。最高帧率是相机的重要性能参数之一，主要取决于采集速度、数据转换速度和数据传输速度。相同型号的相机在不同分辨率情况下最高帧率不同。一般而言，相机的分辨率越高，其最高帧率越低，这是由于相机的分辨率越高，其采集的数字图像数据就越大，采集时间、数据传输时间可能就越长。当所看画面的帧率高于每秒 10~12 帧时，人看到的画面就是连续的。在工业生产中，可能会遇到需要拍摄高速运行物体（俗称“飞拍”）的情况，这时候需要重点考虑这一指标，选用较高帧率的相机，以避免采集到的图片出现拖影的情况。

4. 数据接口

相机的数据接口是相机进行图像采集之后将数据传输到计算机的接口，通常有 USB 系列、IEEE1394 系列、千兆网和 CameraLink 等。

5. 曝光时间和快门速度

快门是相机上用来控制曝光时间的一个结构。相机快门速度用快门开合的时间表示，单位是 s，相机的快门速度决定着拍照时对于物体的曝光及光在相机传感器上所停留的时间长短，一般来说该时间范围越大越好。电子快门打开的时间一般可达到 10μs，高速相机可以更快。曝光时间越长，图像越亮，同时抗振动能力越差，对运动物体拍摄时曝光时间越长，其拖影越长，过长的曝光时间会使相机的帧率下降。曝光时间的设置需要根据现场的照明条件、系统运行的速度和节拍，以及图像效果综合考虑。

6. 图像噪声

图像噪声是指不随像素点的空间坐标改变的噪声，主要是相机芯片电路和信号传输电路中形成的干扰信号。由于大部分噪声是随机的，这对我们进行图像处理造成一定的困难。在某些情况下，如何消除噪声带来的影响也是我们在构建视觉系统时研究的一个方面，除了视觉系统硬件方面的改善外，也会在图像处理时通过数学的方法进行消除。

7. 光学接口

光学接口是指相机与镜头之间的物理接口，常用的有C型、CS型和F型。在选择镜头时需要考虑接口的搭配问题，否则可能需要使用转接环进行转接。

3.1.4 CCD芯片与CMOS芯片

感光器件是工业相机类别的重要区分形式，分为CCD芯片和CMOS芯片，本小节单独来剖析两者的构造原理和异同。

1. CCD芯片

CCD是一行行紧密排列在硅衬底上的MOS电容器阵列。CCD是固态图像传感器的敏感器件，它包含了光电转换、信号储存、传输、输出、处理及电子快门等多种独特功能。CCD比较独特的地方在于，它是以电荷作为信号，不同于其他器件是以电流或电压为信号。CCD的工作过程可分为以下4个步骤：

（1）光电荷产生　光电荷的产生主要有光注入和电注入两类。一般CCD相机中使用光注入的方式较多。当入射的光到达CCD的光敏面时，便产生了与入射的光辐射亮度成线性关系的光电荷。CCD在某一时刻获得光电荷和前期产生的光电荷可以进行累加，又称电荷积分。

（2）电荷的存储　构成CCD的基本材料为单元式金属-氧化物-半导体，即MOS。图3-2所示为CCD模型。

在光电荷产生时，半导体的空穴中有载流子均匀分布。CCD工作时在CCD的输入极接入正电压，会对多数的载流子产生排斥，从而形成耗尽区。当栅极的正偏压大于半导体的阈值电压时，将半导体内的电子吸引到表面，形成一层极薄但电荷浓度很高的反转层。这也就是MOS的存储电荷功能。

（3）电荷的转移　CCD的基本原理是在MOS电容器金属电极上，加以适当的脉冲电压，排斥掉半导体衬底内的多数载流子，形成"势阱"的运动，进而实现电荷的转移。

光学图像经过光电转换形成电荷图像。电荷包需要转移电极达到转移电荷的目的，如常见的单层铝电极，它是在轻掺杂的硅衬底上生成一层0.1μm的二氧化硅，然后在上面蒸镀一层铝，采用光刻工艺形成间隙很小的电极。当有序转移电荷包后，再经过选通放大器拾取，形成图像信号。

（4）光电荷的输出　电荷包转移到MOS电容后，通过电荷积分器拾取图像信号，再通过MOS电容后面的输出栅极，加固定电压后通过输出二极管达到光

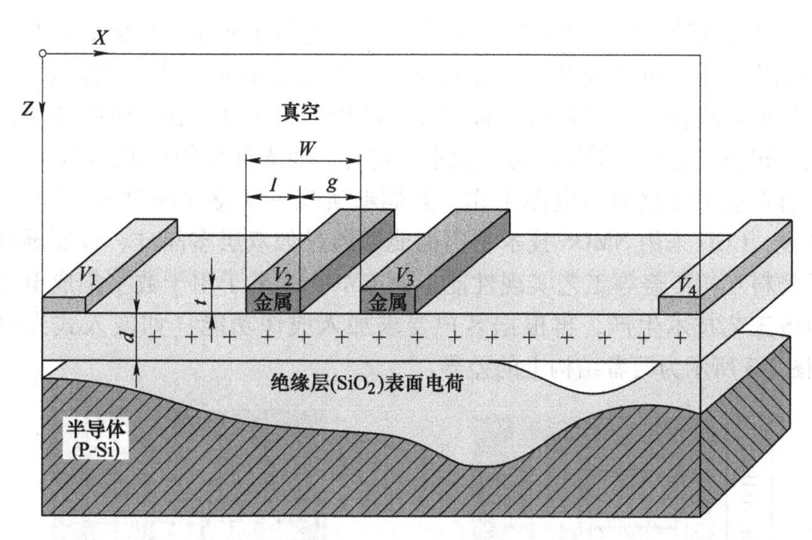

图 3-2　CCD 模型

电荷输出的目的。

CCD 的工作过程是光到达 CCD 的光敏面时，产生光电荷，在 CCD 输入极电压的作用下，进行电荷的储存并将电荷包有序地转移到 MOS 电容，通过电荷积分器拾取图像信号，通过输出栅极进行图像信号的输出。

2. CMOS 芯片

CMOS 是互补金属氧化物半导体，它是电压控制的一种放大器件，也是组成 CMOS 数字集成电路的基本单元。CMOS 图像传感器是一种使用 CMOS 工艺方法将光敏组件、放大器、A/D 转换器、内存、数字信号处理器和计算机接口电路集成在一块硅片上的图像传感器件。这种器件具有结构简单、功能丰富、成品率高和价格低廉的特点。

CMOS 图像传感器由光敏组件及辅助电路构成。光敏组件实现光电转换的功能，辅助电路主要完成信号驱动、信号处理和输出等任务。

CMOS 图像传感器的光电转换原理和 CCD 基本相同，但信号的读取方法却与 CCD 不同，每个 CMOS 源像素传感单元都有各自的缓冲放大器，而且可以被单独选址和读出。

CMOS 相机一般由 CMOS 图像传感器、外围控制电路、接口电路等组成。

3. CCD 与 CMOS 图像传感器的比较

这两种传感器都是当前被普遍采用的相机图像传感芯片。两者都是利用感光二极管进行光电转换，将图像转换为数字信号，主要差异是数字信号的传送方式不同。

CCD 的工作原理是将光子信号转换成电子包并顺序传送到一个共同输出结

构，然后把电荷转换成电压。接着这些信号会送到缓冲器并存储到芯片外。在CCD应用中，大部分功能都是在相机的电路板上进行的。当应用需要修改时，设计人员可以改动电路而无须重新设计图像传感器芯片。在CMOS图像传感器中，电荷转换成电压的工作在每一像素上进行，而大部分的功能则集成进芯片。这样所有功能可通过单一电源工作，并能够实现一次感光同时灵活读出图像。一般来说，CCD采用NMOS技术，因而能够通过如双层多晶硅、金属屏蔽和特定起始物料互相覆盖等工艺实现性能，而CMOS是基于用于数字集成电路的标准CMOS工艺技术生产，再根据客户要求加入成像功能（如嵌入式光电二极管）。图3-3所示为两者结构上的差异。

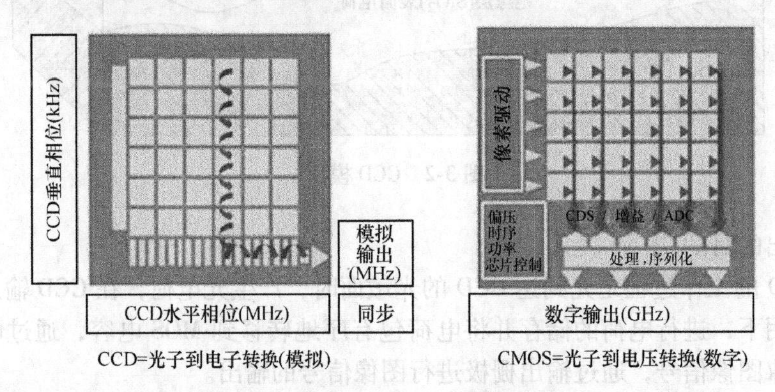

图3-3　CCD和CMOS的结构差异

这两种传感器的差异见表3-3。

表3-3　CCD与CMOS的差异

参数	CCD图像传感器	CMOS图像传感器
灵敏度	灵敏度高	灵敏度低
工艺难度	工艺难度大	工艺难度小
成本	成本高	成本低
分辨率	分辨率高	分辨率低
噪声	噪声小	噪声大
功耗	功耗高	功耗低
集成度	集成度较低	集成度高
像元放大器	无	有
信号输出	逐个像元输出	可随机采样
成像速度	较慢	较快
逻辑电路	只能在器件外设置	芯片内可设置若干逻辑电路
接口电路	只能在器件外设置	芯片内可设有接口电路
驱动电路	只能在器件外设置，很复杂	芯片内设有驱动电路

CCD 的优势是：灵敏度高、分辨率高、噪声小、成像稳定性高；CMOS 的优势是：工艺难度小、成本低、功耗低、集成度高、成像速度快。在高质量成像方面，一般选择 CCD 相机。但近年来 CMOS 相机的成像技术和制备技术不断提高，其各方面的性能也得到了较大的提升，在高端摄像方面选择 CMOS 的应用场景也越来越多。

3.2　工业相机结构和标准协议

相机的硬件及结构决定了其工作原理，各模块合作完成物体的成像。成像完成后通过标准的通信协议传送给第三方，以完成图像的采集和输出。

3.2.1　相机硬件组成

工业相机的核心部件主要是图像传感器（CCD 和 CMOS），除此之外还包含其他组成部分。以主流工业相机作为示例，拆解后如图 3-4 所示。

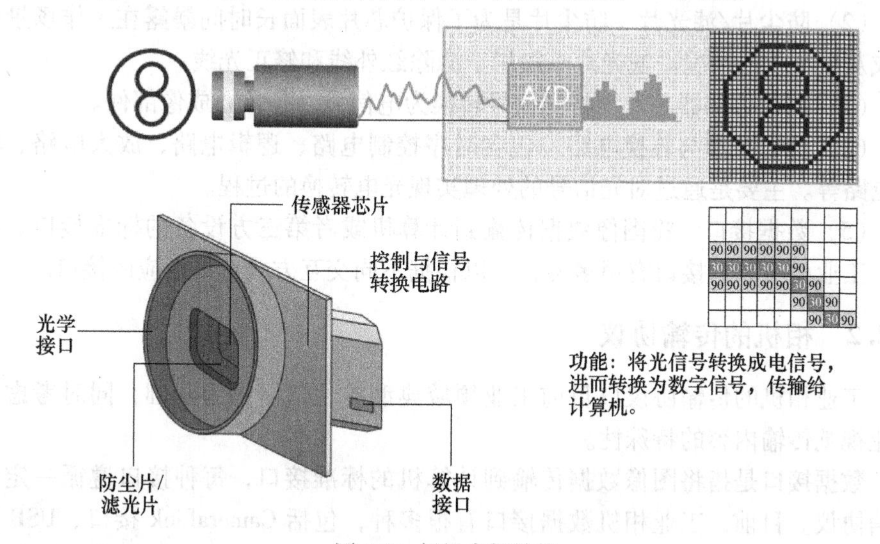

图 3-4　相机内部结构

从成像前端到后端，相机的构成部件依次为：光学接口、防尘片/滤光片、图像传感器芯片、信号控制与转换电路和数据接口。这 5 部分构成了工业相机的主体。各部分详细说明如下：

（1）光学接口　匹配镜头的连接接口。不同的接口规格，形状和连接形式会有所差别。标准的光学接口有 C 型、CS 型、F 型，如图 3-5 所示。

这三种接口都是行业内的物理接口标准，从图中可以看出各自的差异。C 型

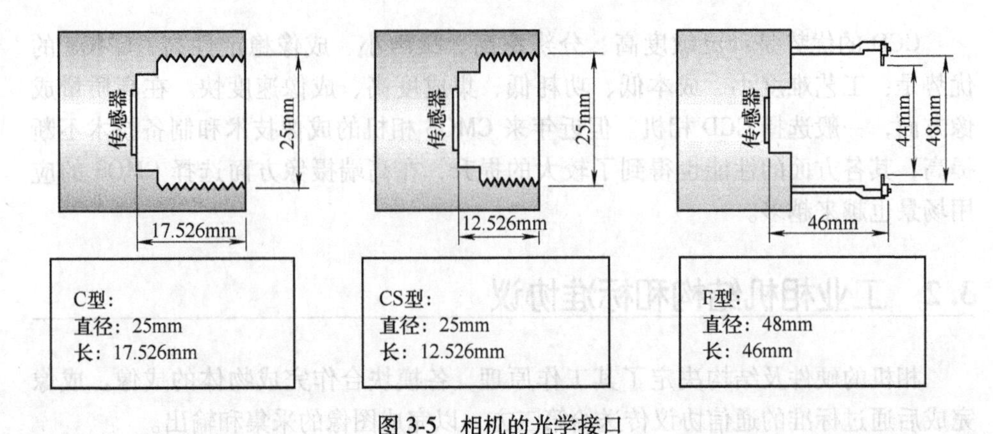

图 3-5 相机的光学接口

和 CS 型接口直径相同，都为 25mm，但两者长度不同，即两种接口的内螺纹长度是不同的，分别为 17.526mm 和 12.526mm。F 型接口直径较大，长度为 46mm，采用卡扣连接方式。

（2）防尘片/滤光片　防尘片是为了保护芯片表面长时间暴露在工作场景中造成灰尘堆积的情况。滤光片一般用于滤除红外线和修正光线。

（3）图像传感器芯片　将光信号转换为电信号，是核心成像部件。

（4）信号控制与转换电路　包含时序控制电路、逻辑电路、放大电路、驱动电路等。主要是通过对光信号的处理实现光电转换的过程。

（5）数据接口　将图像数据传输到计算机或者第三方设备的标准接口。目前，工业相机数据接口有很多种，可以根据不同交互方式选择对应的接口。

3.2.2 相机的传输协议

工业相机的传输协议以目前工业领域典型的通信协议为基础，同时考虑了工业视觉传输内容的特殊性。

数据接口是指将图像数据传输到计算机的标准接口，每种接口遵循一定的通信协议。目前，工业相机数据接口有很多种，包括 CameraLink 接口、USB 接口、GigE 接口、IEEE1394 接口和 CoaXPress 接口等。不同的接口和传输协议各有异同，具体如图 3-6 所示。

（1）USB 接口　USB 即 Universal Serial Bus，中文名称为通用串行总线。USB2.0 速度可达 480Mbit/s。USB3.0 的理论速度能够达到 5Gbit/s。

（2）IEEE1394 接口　IEEE1394 是一种外部串行总线标准。该接口在 Cable 模式下能够在计算机与外部设备间提供 100Mbit/s、200Mbit/s、400Mbit/s 的传输速率。该接口不要求 PC 端作为所有接入外设的控制器，不同的外设可以直接在彼此之间传递信息。该接口支持点对点的通信和广播通信，也支持热插拔。

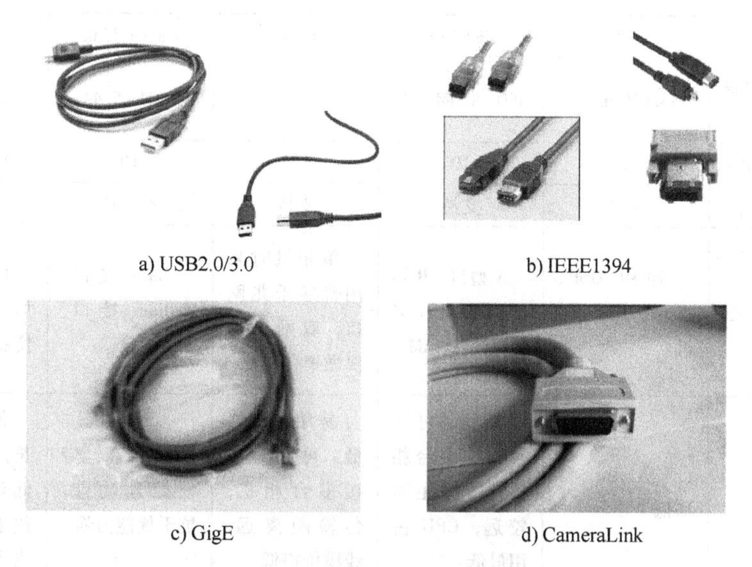

a) USB2.0/3.0 b) IEEE1394

c) GigE d) CameraLink

图 3-6 不同数据传输协议和接口

（3）GigE 接口 GigE 是一种基于千兆以太网通信协议开发的相机接口标准。GigE 由一支 50 家公司组成的团队共同开发，自动化成像协会（Automated Imaging Association，AIA）对该标准的持续发展和执行实施监督。千兆以太网是建立在以太网标准基础之上的技术。千兆以太网和大量使用的以太网与快速以太网完全兼容，并利用了原以太网标准所规定的全部技术规范，其中包含 CSMA/CD 协议、以太网帧、全双工、流量控制及 IEEE 802.3 标准中所定义的管理对象。

（4）CameraLink 接口 这个接口是专门针对工业相机的特殊应用需求（图像的数据量大、带宽要求高）而研发出来的，是适用于视觉应用数字相机与图像采集卡间的通信接口。这一接口扩展了 Channel Link 技术，提供了视觉应用的详细规范。对于采用 CameraLink 接口的相机来说，它需要配合 CameraLink 采集卡来使用，CameraLink 采集卡一般通过 PCI-E 接口安装在控制计算机上。CameraLink 接口并不支持热插拔。当相机带电工作期间，严禁拔下数据接口，这样有一定的概率会损坏相机。

（5）CoaXPress CoaXPress 技术由 Adimec 和 EqcoLogic 公司联合开发，是一种非对称的高速点对点串行通信数字接口标准。该标准容许相机通过单根同轴电缆连接到主机，以高达 6.25Gbit/s 的速度传输数据，是高性能、高速度、长距离图像系统应用领域的一个非常好的选择。

表 3-4 和图 3-7 是不同数据接口的传输协议方式的优缺点比较。

表 3-4 不同协议和标准接口

接口	USB	IEEE1394	GigE	CameraLink	CoaXPress
最大传输速度/(Gbit/s)	480Mbit/s	480~800Mbit/s	1	2.04~5.44	1.25~6.25
传输距离/m	5	10	100	10	50~170
POE 供电	支持	支持	支持	不支持	支持
接口和协议	通用 USB、PCI-E（多相机）	A 型口、B 型口、PCI-E（多相机）、DCAM	单相机时采用普通千兆网口，双网口需要做聚合	Base 接口、Medium 接口、Full 接口	屏蔽电缆加专用转换器
优点	易用，价格低	易用，可同时连接多台相机，传输距离较远，CPU 占用最低	易用，价格低，可同时连接多台相机，传输距离远，线缆价格低	带宽高，带预处理功能，抗干扰能力强	传输距离长，能实现低延迟实时数据传输，线缆价格低
缺点	CPU 占用高，传输不稳定，有丢包的可能	长距离传输线缆价格稍贵	CPU 占用稍高，对主机配置要求高，存在丢包的可能	价格高，无供电	

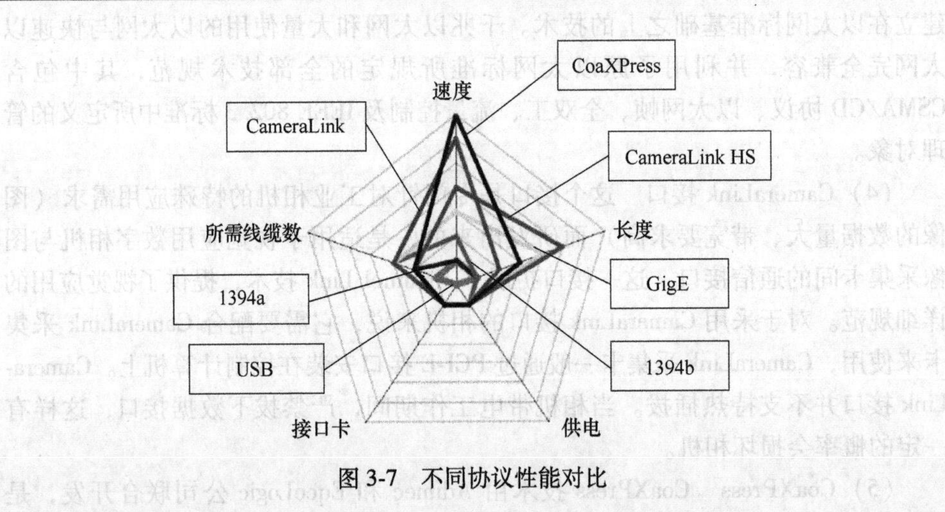

图 3-7 不同协议性能对比

3.3 面阵相机

面阵相机是工业领域使用最广泛的相机类型之一。面阵相机的最大特点是它采集图像时是以“面”为单位获取图片的，即每次给相机触发拍照的指令，相机就可以获取一整张包含二维信息的图像。

3.3.1 面阵相机的成像原理和过程

我们以 CCD 成像器件为例，阐述面阵 CCD 相机的结构和成像原理。

常见的面阵 CCD 成像器件有三种结构：行间转移结构、帧/场转移结构、全帧转移结构。

1. 行间转移结构（IT-CCD）

行间转移面阵 CCD 如图 3-8 所示。这种结构的 CCD 采用光敏区和转移区相间排列的方式，它将非常多的单边传输的线阵 CCD 成像器件在垂直方向并排，然后在此垂直阵列的尽头设置一条水平 CCD，共同构成了行间转移结构的 CCD。它的水平 CCD 每一位与垂直 CCD 一一对应，并相互衔接。

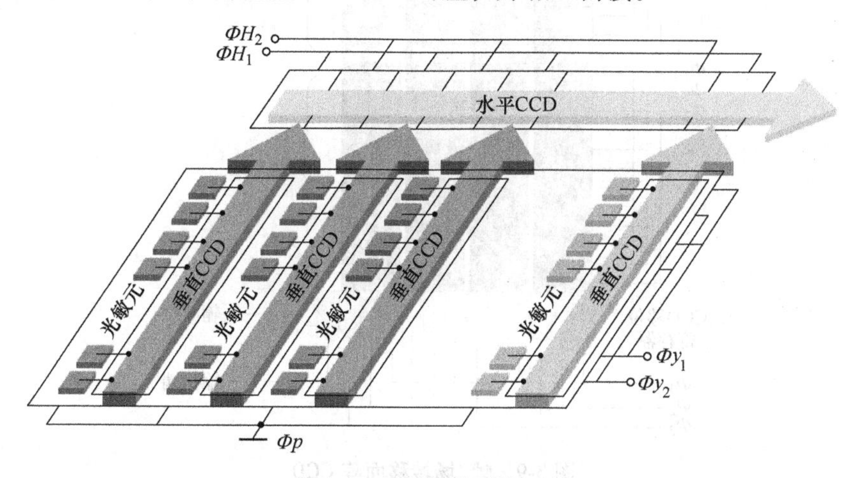

图 3-8 行间转移面阵 CCD

当成像器件工作时，水平 CCD 传输速率是垂直 CCD 传输速率的整数倍，这个倍数我们记为 N。当水平 CCD 驱动 N 次时，就读完了一行信息，信号进入行消隐。在这个消隐的时间内，垂直 CCD 向上传输一次，即向水平 CCD 转移一行的信息电荷，然后水平 CCD 又开始新的一行信号读出。依照上述这个过程循环，直到将一场（指光照区域）信号全部读完，进入场消隐。在场消隐期间，会将新的一场光信号电荷从光敏区转移到各自对应的垂直 CCD 中。而后，又开始新一场的信号逐行读出。这个信号从光敏区转移到垂直 CCD 的过程与线阵 CCD 的过程是一样的。

在结构上，每个光敏元分为 A、B 两部分：A 部分对应垂直 CCD 的第一相；B 部分对应垂直 CCD 的第二相。这样只要在时钟脉冲中设定好 A、B 场的不同相位，就能实现光敏元 A、B 两部分的交替电荷积分，就实现了交替隔行扫面显示。

2. 帧/场转移结构（FT-CCD）

帧/场转移面阵 CCD 如图 3-9 所示。该结构 CCD 由三部分组成：光敏区、暂存区、输出区。光敏区是实现入射光转换为光电荷的区域，暂存区是将光电荷信号暂存的区域，输出区是将暂存区的信息读出的区域。

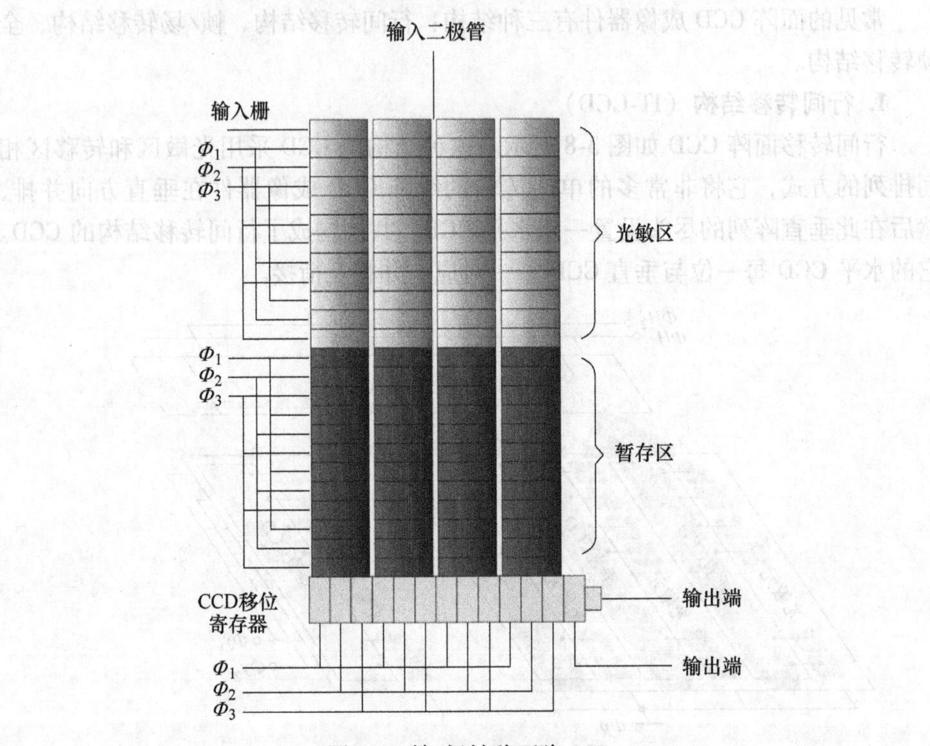

图 3-9 帧/场转移面阵 CCD

其中光敏区的列数和位数与暂存区 CCD 均相同，而且每一列都是相互衔接的。为了避免暂存区和输出区的 CCD 曝光，在暂存区和输出区上面都覆盖了一层铝层。光敏区的面积略大于暂存区。工作时，光敏区获得一场信息后，时钟 A 和 B 在光积分时间（有效光照时间）到后都以同一速度快速驱动，将信息转移到暂存区。这时，光敏区重新开始另一场积分，A 时钟（设定的时钟脉冲）停止驱动，一相停在高电平，另一相停在低电平。与此同时，转移到暂存区的光信号逐行向 CCD 移位寄存器转移，再由 CCD 移位寄存器快速读出。光信号由暂存区到 CCD 移位寄存器的转移过程与行间转移机构相同。

3. 全帧转移结构（FIT-CCD）

图 3-10 所示为全帧转移 CCD。这种结构相对简单，它的特点是每个光敏元既可以收集光子产生的光电荷，又可以作为转移结构参与电荷转移。这种结构

的目的是提供最大的填充因子，由于其省略了行间转移结构的列间水平转移，电荷会逐行向下移动，依次读出，所以在电荷的转移过程中，需要将整个 CCD 遮光。这种结构提供了最大的满阱容量和占空比，但由于其顺序读出和转移时 CCD 需要遮光，影响了光积分和帧频。而抗光晕的问题也是其在设计时需要考虑的。

不管面阵相机是 CCD 还是 CMOS，其工作过程和原理都非常相似，不同之处在于使用的材料和结构有一些差异。此节讲解了 CCD 的结构和工作过程，以便让读者了解面阵相机在电路时序结构中的工作过程，即面阵相机是如何采集图像的。由于对成像器件的电路控制方式不同，通常面阵相机的曝光方式有逐行扫描曝光和全局曝光这两种方式。采集到一幅图像的信息后，经过数字化处理传送至上位机，然后上位机根据不同的项目需求对图像信息进行处理，获得想要的结果，比如图像中感兴趣区域的面积、形状、位置等结果，根据结果给执行机构下达操作指令，从而完成相关任务。

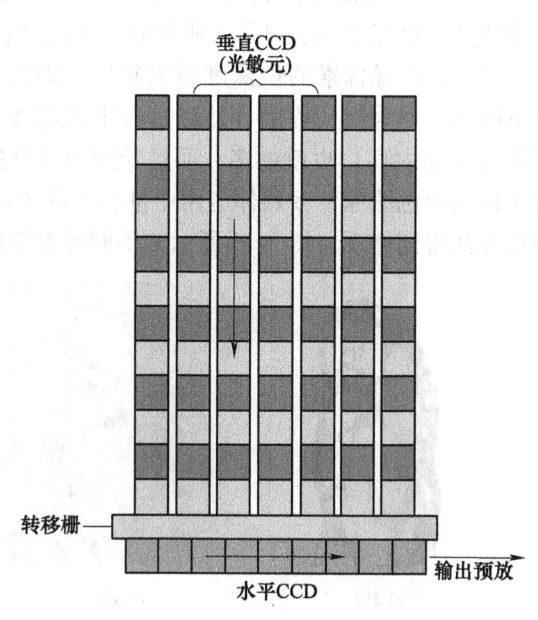

图 3-10　全帧转移 CCD

3.3.2　面阵相机的关键参数

相机的各种参数决定了相机的性能和使用方法。工业机器视觉中占大部分使用场景的面阵相机，其核心参数解读如下：

1. 像素深度

一幅完整的数字图像在计算机中是怎样表示的呢？通过前面的学习，我们知道数字图像是由一个个像素构成的，而每个像素在计算机中需要使用二进制数值来表示，这个二进制的位数，也就是我们常说的像素深度。计算机之所以能够显示颜色，是因为采用了一种称作“位”（bit）的计数单位来记录颜色数据。bit 是计算机存储器里的最小单位，这个位数就是像素的位深度。

黑白二色的图像是数字图像中最简单的一种，它只有黑白两种颜色，也就是每个像素只有 1 位颜色，位深度是 1，用二进制表示就是 2 的 1 次幂。灰度图像为 8 位图像，因为其像素使用 2 的 8 次幂来表达，所以灰度图像的灰度取值范围有 256 个值，如果从 0 开始，则其范围是 0~255。

彩色图像是由 R、G、B 三个分量组合成的颜色。如果一个彩色图像的像素使用 R、G、B 三个分量，且每个分量使用 8 位来表示，即此像素是 3×8 = 24 位深度。24 位颜色也称为真彩色。它可以组合成 2^{24} 种颜色，即其可合成 1600 多万种颜色，已经远远超过了人眼能够分辨的颜色种类。

并不是图像像素的位深度越大越好，因为位深度越大，其图像信息的数据量就越大，在采集、传输、处理过程中所需要花费的时间就越长，同时使用的资源（比如内存）也就越多，而且受到物理设备的限制，比如 VGA 颜色深度支持 4 位的彩色图像，多媒体应用中推荐 8 位 256 种颜色。这样超出的像素深度的颜色无法得到体现。图 3-11 所示为不同像素深度的图像效果。

a) 2位

b) 8位

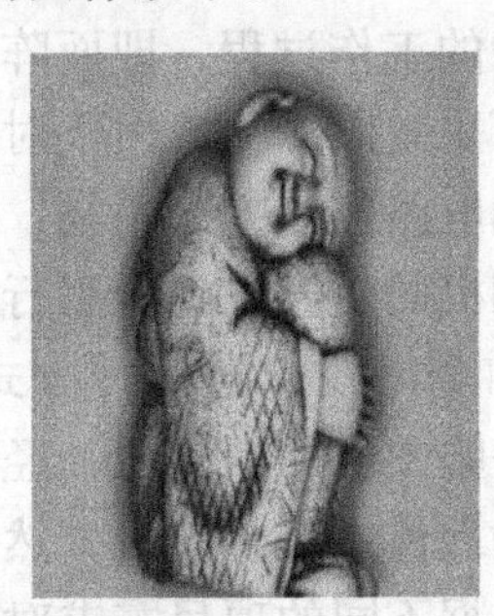
c) 128位

图 3-11　不同像素深度的图像效果图

2. 分辨率

在选择相机时，分辨率极为重要。通过计算分辨率，可获得有效的检测精度。相机所涉及的分辨率包括图像分辨率、空间分辨率、特征分辨率、测量分辨率和像素分辨率等概念。理解不同的分辨率概念有助于我们对相机、图像、特征、误差等概念有更清晰的认识，难点在于对各种“分辨率”的区分。

（1）图像分辨率　图像分辨率用图像的行和列数目的乘积，即图像的总像素数来表示。对于面阵相机来说，图像分辨率等同于面阵相机的有效像素数。图像分辨率由相机和图像采集卡决定。一般面阵相机的图像分辨率有 640×480（30 万像素）、1280×960（130 万像素）、1920×1200（200 万像素）、2592×1944（500 万像素）、4096×3072（1200 万像素）等，部分厂家生产的高分辨率相机的图像可以达到亿级以上的分辨率。图像分辨率大小反映了图像数据的大小，如果是原始图像，同时也反映了拍摄此图片的相机的像元总数及行列个数。

（2）特征分辨率　特征分辨率是能被视觉系统可靠采集到的物体的最小特征尺寸，如 0. 02mm。每个特征点至少需要利用 2 个像素进行描述。在实际应用中，可采用3~4个像素来描述最小特征点，同时要求具有较好的对比度和较低的噪声。如果对比度差、噪声高，则需要利用更多的像素来描述特征。在缺陷检测的应用场景下，经常需要考虑特征的情况，此时用像素个数来表征此缺陷。

（3）空间分辨率　空间分辨率是从像素中心映射到场景的间距。对于给定的图像分辨率，空间分辨率取决于视场尺寸、镜头放大倍率等因素，实际上可以理解为图像上一个像素的大小代表其对应的实物的某个区域的实际物理尺寸。

（4）测量分辨率　测量分辨率是可以被检测到的被测物的尺寸或位置的最小变化。当原始数据为像素时，可用数据拟合技术将图像和模型（如直线）进行拟合。从理论上讲，测量分辨率可达到1/1000pixel，但在实际应用中，一般只能达到1/10pixel。

测量分辨率一般取决于视觉处理算法、每个像素位置的测量误差、用来拟合模型的像素个数等因素。测量误差通常来自偶然误差和系统误差。

3. 相机的增益

相机的增益是输入信号与输出信号的放大比例，用来整体提高画面的亮度。增益的单位为dB。增益可控制感光器件对光的灵敏度。增益越大则对光越灵敏，同时对嘈杂信号也灵敏，信噪比小，所以高感光度噪点也多。即增益越小，噪点越少；增益越大，噪点越多。

4. 面阵相机的测量精度

精度是测量值与真实值的接近程度。精度通常有三种表征方式：

（1）最大误差占真实值的百分比　如测量误差5%表示系统的测量误差不能超过产品尺寸的5%。

（2）最大误差　如测量精度±0.03mm表示系统的测量误差在产品标准值±0.03mm以内。

（3）误差正态分布　如误差0%~10%占比65%，误差10%~20%占比20%，误差20%~30%占比10%，误差30%以上占比5%。这种方式是按比例的方法，对测量的结果数据进行分布的限定。

在工业生产中，精密测量是一种常见的应用场景。在选择相机时，通常需要评估其测量精度。精度一般使用第二种表征方式即最大误差来表示。在计算相机的精度时，我们需要计算工业相机采到的图片的每个像素代表的实际物理尺寸。通常，工业相机的理想精度计算为

$$精度 = 视野(对应边长度)/分辨率(对应方向)$$

其中，视野（FOV）是相机所能看到的物理面积（尺寸）；分辨率为图像分辨率，即相机的有效像素个数。因为面阵相机是由像元呈矩形排列而成，为了计算方便，我们一般使用单个方向的边拍摄到的实际物理长度除以相机对应边的像素个数。

注意这个精度是表示理论上相机每个像素代表的实际尺寸，也就是理论上

这个相机在这个视野大小下能分辨的最小尺寸。

这种方式可以计算出理想状态下相机拍摄的图像的每个像素所代表的实际物理尺寸。

关于相机分辨率的计算，可见图3-12所示案例。

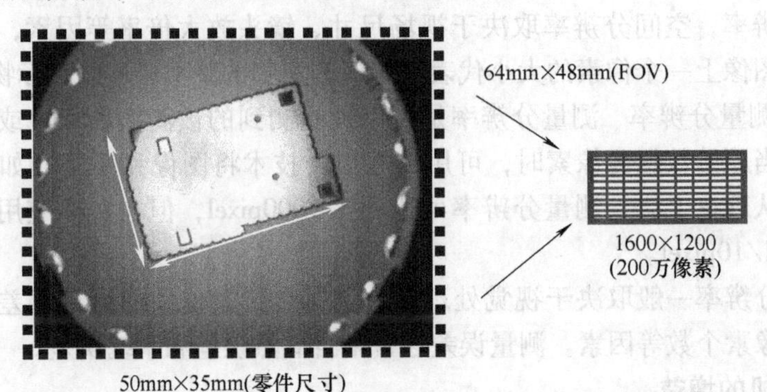

图3-12 案例实物的测量精度计算

图3-12中使用的环形光故意遮挡（实际项目须无遮挡），但周边黑色区域也是区域的一部分。为了方便计算，我们以长边来计算。零件的大小是50mm×35mm，而视野区域的长边方向上长度是64mm，记作：视野（长）=64mm；而长边上图片的像素个数是1600，记作：像素数（长）=1600pixel。如果不考虑图像处理算法的精度，则此项目的实际精度计算公式如下：

计算精度=视野(长)/像素数(长)=64mm/1600pixel=0.04mm/pixel

影响相机精度的因素如下：

1）视野的大小。

2）图像的像素个数（或相机的有效像元个数）。

3）图像处理算法的累计精度损失（不同的图像处理软件和图像处理方法计算的精度可能不一样）。

3.3.3 面阵相机的选型和系统集成

面阵相机的选型是一个综合多方面因素进行分析和计算的过程。针对不同的应用场景，选型方式可能会有一些差异，但整体的选型思路和方法大致如下：

1. 明确客户的项目需求

这是选择面阵相机之前首先要明确的内容。要明确应用方向：该应用是尺寸测量类应用、缺陷检测类应用，还是定位引导或条码读取类应用。另外，要确定检测目标，例如：状态、尺寸、材质、反光特性、有无毛刺、颜色等。同时，还需要明确生产速度、工作环境等。

2. 相机色彩选择

根据项目需求，判断是否需要进行颜色检测或分析。在工业机器视觉应用中，通常无颜色检测或分析的需求时，一般选择黑白相机。这是因为从成本和图像数据处理的方便程度上具有更好的合理性。

3. 精度要求的计算

在确认项目的应用方向后，我们需要计算所需面阵相机的分辨率，典型的计算思路和方法如下：

（1）尺寸测量类项目　首先，明确产品的尺寸公差或客户的需求精度要求。比如某个产品的尺寸为50mm，公差为-0.1~0.2mm，则我们的测量精度必须满足在0.1mm以内，即相机的最大系统误差为0.1mm，这样的测量值才有意义。

其次，需要考虑到图像处理软件的计算方法对精度的影响，以及每个像素的位置误差（一般为2~3个像素的误差）。部分图像处理软件的计算精度可达1/20个像素，但在图像处理软件实际使用过程中，最终图像的处理精度要考虑某个计算方法的精度和使用次数，这就涉及累积误差的问题。在实际项目中，为了确保项目的精度要求：采用正面光源时，一般相机的精度要求为3~5个像素；采用背面光源时，精度要求为1~3个像素。部分场合下为保证高精度，一般以10~20倍的精度要求来选择相机，在这种情况下还应考虑到在采集像素时的位置误差，以及机构精度或其他干扰因素造成的系统误差。这里我们为了举例计算，不考虑图像处理的精度，以3个像素的精度要求来计算，实际精度要求为：0.1mm×(1/3)≈0.033mm。

尺寸测量类的项目计算相机分辨率的方式通常为

$$分辨率 = 视野 / 实际精度要求$$

此例中考虑到产品在视野内位置的变化情况，一般产品需要占满相机视野的3/4以上，为了计算方便，假设产品为正方形，这里我们取视野的单边长度为 L=60mm，则计算如下：

$$单边相机分辨率 = 视野 / 实际精度要求 = 60mm/0.033mm \approx 1818$$

则相机的分辨率为2400×2400=3305124。

上面的示例，计算的结果是要约大于331万像素的相机，结合市面上常规的面阵相机规格，我们可以选择500万像素的相机。

（2）缺陷检测类项目　在上一个小节讲到过特征分辨率的问题，在缺陷检测类项目上，需要考虑到产品的最小缺陷大小，同时需要查看其最小缺陷是否有比较好的对比度和较低的噪声，即需要看最小缺陷需要多少个像素来描述。在实际应用中，一般采用3~4个像素描述，如果特征不明显，则需要的像素个数更多。计算相机的分辨率时需要根据这一实际情况来计算，具体计算方法与上一个尺寸检测类的项目类似。

识别类项目和缺陷检测类项目类似，最终要保证特征的识别稳定性和准确性。引导定位类项目因为需要与运动机构配合，所以工业视觉系统的精度除考虑相机精度外，还要考虑运动机构本身的运行精度，而且最终的定位精度还受产品公差和产品定位偏差等影响，因此必须确保相机精度要略大于运动机构系统精度。

4. 确认工业机器视觉系统的速度或产品的生产速度

在一些项目中，如果要求拍摄的速度非常快，或者要求在非常短的时间内拍摄多张图片，就需要考虑到相机的一个特性参数：帧率。相机的帧率就是相机每秒内可以拍摄多少张图片。考虑到帧率需求，可以选择有全局曝光模式的相机，同时可以选择高帧率的相机。普通的工业相机帧率大部分在 10 帧以上，所以在对拍照和处理速度要求不高的应用场合基本都能满足要求。

5. 确认相机接口

（1）相机图像信号传输接口　需要考虑图片的大小和传输速度，同时要考虑传输距离。具体可参考 3.2.2 节的各通信接口对比图，选择合适的信号传输接口和信号传输线。

（2）相机与镜头的机械接口　常用的有 C 型、CS 型和 F 型等接口。主要应考虑和镜头的匹配问题。

6. 成本因素

工业面阵相机的生产厂家非常多，同类型的产品，不同的品牌在质量上会有一些差异，价格上也会有非常大的差异。所以在选择相机时客户的成本预算也是选型时应考虑的一个因素。

7. 现场使用环境

不同的客户，现场使用环境也有非常大的差异。相机的安装位置、温度、湿度、粉尘、干扰光等都是在选择相机时需要考虑的因素。

3.4 线阵相机

线阵相机以其独特的结构和成像方式，在一些大幅面、高精度的应用场景中大显身手。本节将从线阵相机的成像原理、相关概念和参数等角度介绍线阵相机的选型和使用。

3.4.1 线阵相机的成像原理和过程

线阵相机是采用线阵图像传感器的相机。线阵相机分为单色和彩色两种。线阵相机，顾名思义是呈线状的。它由一条或几条像元构成，拍摄的图像为二维图像，虽然长度可以极大，可以达到几万个像元，但宽度一般只有一个或几个像元。

线阵图像传感器以 CCD 为主，所以本节主要探讨线阵 CCD 成像原理。

线阵 CCD 成像器件也称为 LCCD，其结构可分为单边传输与双边传输两种形式，其工作原理相仿，但性能略有差别。在同样光敏元素的情况下，双边转移的总效率比单边高。以单边传输器件为例，它由光敏区、转移栅、模拟移位寄存器组成。器件的工作过程可归纳为图 3-13 所示的 5 个工作环节。这 5 个环节按一定时序工作，相互之间有严格的同步关系，并且是一个反复循环的过程。

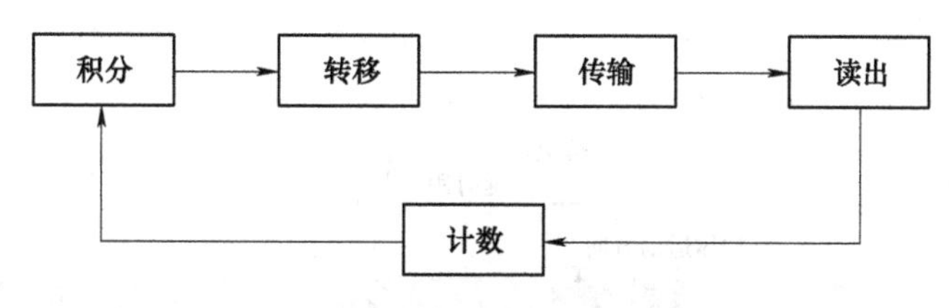

图 3-13　线阵 CCD 的工作过程

1. 积分

光子入射到达光敏区后，在光敏区的硅表面一定深度范围内发光电子-空穴对会被激发，在有效的积分时间里，空穴会被驱赶到半导体内，光生电子在光敏元的势阱中积累。势阱中电荷包的大小，与积分时间成正比，也与入射到该光敏元的光强成正比。

2. 转移

转移是指将电荷积分完成后的大量光信号电荷包从光敏元并行转移到所对应的那位模拟移位寄存器 CCD 中。

3. 传输

大量信号电荷包会在驱动周期内依次沿着 CCD 移位寄存器串行传输，而每一个周期，各信号电荷包会向输出端方向转移一位。第一个驱动周期输出的为第一个光敏元的信号电荷包；后续每个驱动周期输出的电荷包为对应周期内的电荷包。以此类推，从而完成电荷包的传输。

4. 计数

在传输阶段，由于每一个驱动周期读出一个信号电荷包，所以只要驱动所有的周期就完成了全部信号的传输和读出。每个驱动周期都会由计数器进行记录，当计数到预置数字时，表示前一行的信号已经全部读完，新一行信号已经准备就绪。

5. 读出

读出是在输出电路上将信号电荷转换为信号电压并读出的过程。

由于线阵相机只有一条或几条像元，这样拍照时需要通过机械运动形成相对运动，得到想要的整幅图像，如图 3-14 所示。

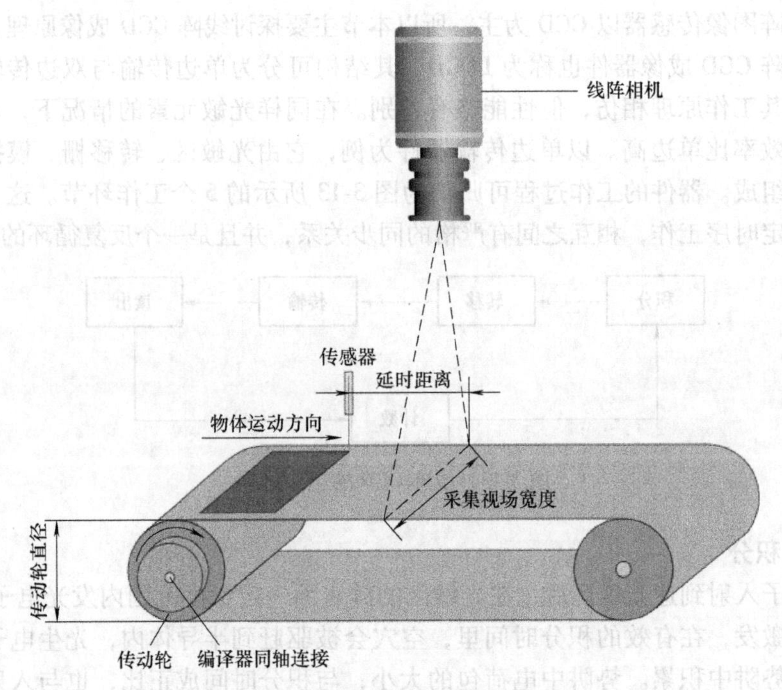

图 3-14 线阵相机的使用和成像方式

3.4.2 线阵相机的关键参数

线阵相机的性能参数和面阵相机有一定的差异，有差异的几个主要参数介绍如下：

1. 分辨率

传感器的分辨率用像元个数来衡量。通过前面对线阵相机芯片结构的学习，我们知道线阵相机的传感器上只有一条或几条像元阵列，相机的像元越多，能够拍摄的细节就越多，照片也就可以越大而不变得模糊或产生“颗粒”。线阵相机常见的分辨率包括：1K、2K、4K、8K、12K 和 16K 等。注意这里的 1K = 1024，即表示分辨率 1K 的线阵相机芯片由 1024 个像元构成。

2. 最大数据速率

相机每秒可以采集的最大数据量。

3. 行频

行频是指相机单位时间内采集影像的行数，也指单位时间内相机芯片的曝光次数，以赫兹（Hz）为单位。线阵相机的行频有 13kHz、26kHz、52kHz、80kHz 等。如果已知线阵相机的最大数据传输频率和分辨率，就可以计算出行频。比如最大数据传输频率为 100MHz，分辨率为 8K，则：

行频 = 100MHz/(1024×8) = 100×1024×1024Hz/(1024×8) = 12800Hz

4. 最大曝光时间

最大曝光时间与相机的行频有直接关系，它必须满足：最大曝光时间≤1/行频。比如上面计算行频这个例子，我们能设置的最大曝光时间=1/12800Hz=78.125μs。

5. 数据传输接口

GigE：传输速率 100Mbit/s，传输距离可达 100m；

CameraLink：传输速率 680Mbit/s，传输距离可达 15m；

CameraLink HS：传输速率 3Gbit/s，传输距离可达 15~40m。

6. 光学接口

常见的光学接口有 F 型、M42 型、M72 型、M90 型、M95 型等

3.4.3　线阵相机与面阵相机的区别

面阵相机和线阵相机的主要区别体现在应用场景上。面阵相机适用于面积较小、可一次性成像的物体，线阵相机更多地应用于幅面较大或者移动过程中检测成像的场景。两者成像过程的差异如图 3-15 所示。

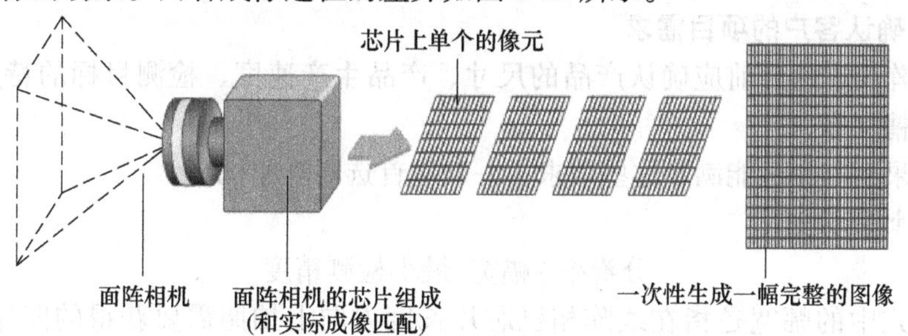

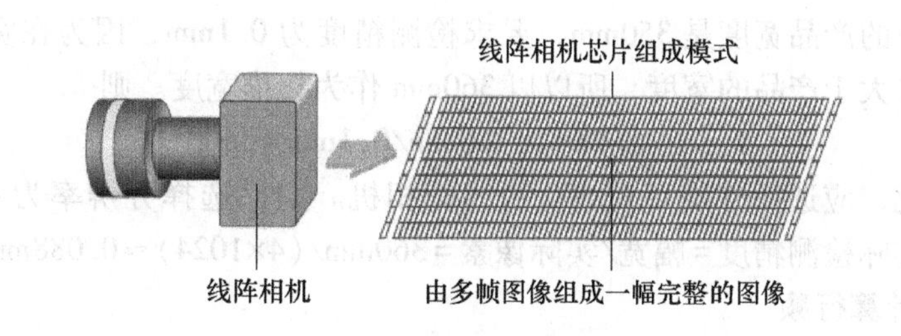

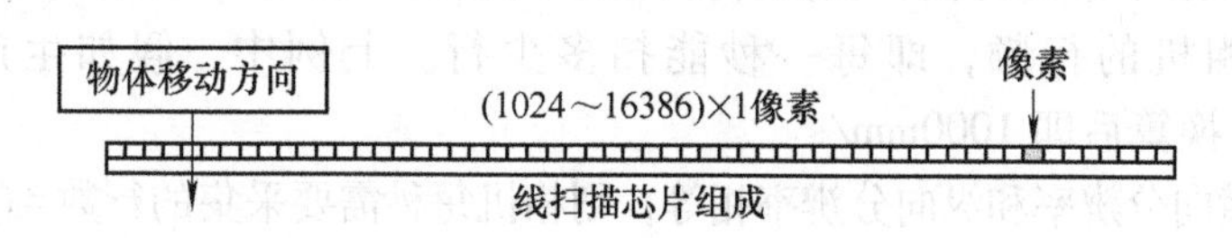

图 3-15　面阵相机与线阵相机的区别

表3-5列出了线阵相机和面阵相机的区别。

表3-5　线阵相机和面阵相机的区别

参数	面阵相机	线阵相机
芯片结构	由多行像元构成	由1行或2行像元构成
图像获取方式	产品和相机可以是固定的	需要移动产品或相机
触发次数	一次触发可获取一幅完整图像	需要多次触发相机
分辨率和精度	图像的分辨率与相机分辨率及视野有关	大视野或高精度
数据传输频率/MHz	可达760	可达1179
图像获取时间	一般很短	一般稍长
成本	较低	较高

3.4.4　线阵相机的选型和系统集成

线阵相机的使用场景和方式与面阵相机有较大的区别。一般线阵相机的选型遵循以下步骤：

1. 确认客户的项目需求

线阵相机选型前应确认产品的尺寸、产品生产速度、检测目标的特点，以及检测精度等。

如果面阵相机能满足这些需求，一般应首选面阵相机。

2. 计算分辨率

$$分辨率=幅宽/最小检测精度$$

公式中的幅宽是指在线阵相机芯片长度方向上拍照需要获得的图像宽度。以下例进行说明：

客户的产品宽度是350mm，要求检测精度为0.1mm，因为在宽度方向的视野一般要大于产品的宽度，所以以360mm作为扫描宽度。则

$$分辨率=360\text{mm}/0.1\text{mm}=3600$$

因此，应选择分辨率>3600的线阵相机。如果选择分辨率为4K的线阵相机，则实际检测精度=幅宽/实际像素=360mm/(4×1024)≈0.088mm。

3. 计算行频

以上面这个案例为例，我们计算出实际检测精度后，开始计算行频。

线阵相机的行频，即每一秒能扫多少行。上例中，假如生产线速度为60m/min，换算后即1000mm/s。

如果横向分辨率和纵向分辨率相等，则相机每秒需要采集的行数=(1000mm/s)/0.088mm≈11364s^{-1}=11.364kHz，查看市面上的线阵相机，可以找到比11364行频稍大的13kHz的线阵相机。该相机就可以对产品进行全幅取像。

4. 线阵相机选型应考虑的其他因素

经过上面的步骤，基本可以选定线阵相机，但在相机选型时还应考虑其他一些因素，比如线阵相机的信号传输接口和光学接口，以及线阵相机的颜色等。

综上所述，应选择分辨率为4K、行频为13kHz的线阵相机，最大曝光时间设置为76μs。

5. 线阵相机系统的集成

选择好线阵相机之后，想要构建完整的线阵相机系统，还需要一些其他结构和相关配置。一个线阵视觉系统的配置选型是按照这样的顺序进行的：相机和图像采集卡→镜头→光源。

在后面的章节，本书会陆续讲到图像采集卡、镜头和光源，这里不做具体介绍。一般而言，线阵相机选定后，应根据相机的数据输出接口和数据量选择是否需要选定配套的图像采集卡；然后根据感光器件的大小、相机的接口、放大倍率等因素选择合适的镜头，根据不同项目的需求选择合适的光源。

另外，线阵相机需要运动扫描成像，所以想要连续拍摄图像，一般将线阵相机固定，使被测目标运动。当被测目标的运动速度和线阵相机的行频不匹配时，则拍摄目标的图像就会发生变形。若物体的运动速度小于线阵相机的行频（采集速度），目标看起来像被拉伸；若物体的运动速度大于线阵相机的行频，则目标看起来像被压缩。只有物体运动速度和线阵相机的行频匹配，才能保证拍摄出来的目标物没有变形。要保证采集出来的图像不失真变形，则需要横向精度和纵向精度相同。

横向精度 = 视野 / 分辨率

纵向精度 = 速度 / 行频

视野 / 分辨率 = 速度 / 行频

在选定线阵相机后，视野、相机分辨率和速度均已知，行频可计算得出。以本节示例举例计算：

360mm/(1024 × 4) = (1000mm/s)/ 行频

计算得出行频约为11377.77Hz。此数值实际上就是产线所安装编码器每秒所触发的脉冲次数，这样就能使线阵相机在被测物品运动时同步触发，保证采集的图像不变形。

3.4.5　线阵相机的应用

图3-16所示为线阵相机在各行业的应用。这些行业产品的共同特点是：幅面较宽、速度快、精度高、产品连续性好。被检测的物体通常匀速运动，利用一台或多台相机对其连续逐行扫描，以实现对其整个表面的均匀检测。另外，线阵相机非常适合用于测量，这要归功于传感器的高分辨率，它可以准确测量

微米级的尺寸。

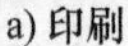
a) 印刷

b) 玻璃制造

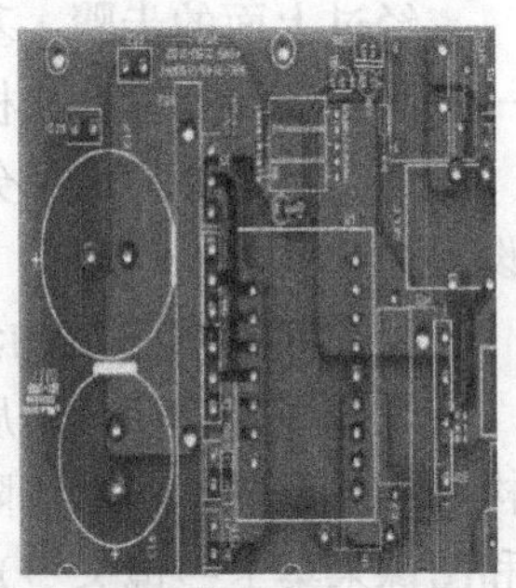

c) PCB

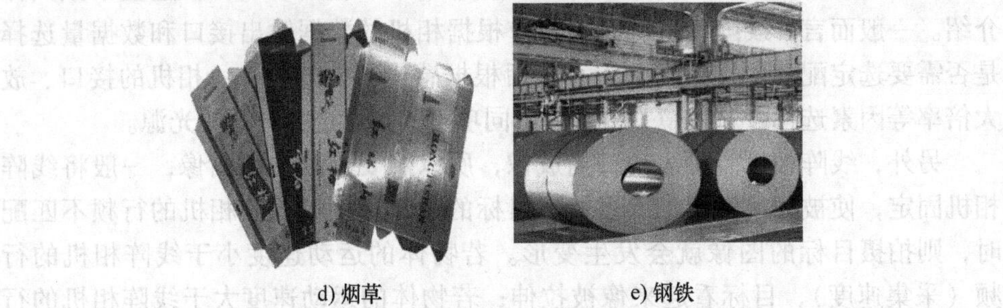

d) 烟草

e) 钢铁

图 3-16　线阵相机在各行业的应用

3.5　智能相机和典型品牌相机

目前，传统相机在工业领域占据了大部分市场，但随着人工智能技术的发展，智能相机逐渐兴起。使用智能相机，可使项目开发和维护更简单。

3.5.1　智能相机

最早的商用智能相机可追溯到20世纪80年代。早期智能相机的感知、处理能力有限，主要用来执行单纯的视觉任务。现代智能相机具有强大的处理能力，已经成功地应用于很多工业领域。

智能相机不仅能摄取图像，还能“理解”图像。美国自动成像协会（AIA）给出的智能相机的特征是：

1）集成一些关键功能（如光学、照明、成像和图像处理）。

2）利用处理器和软件完成一定级别的计算智能。

3）在无人干预的前提下，有能力执行多个应用。

智能相机分为三类：独立式智能相机、分布式智能相机、网络智能相机。

到目前为止，发展相对成熟的智能相机类型多为独立式智能相机，它们外形类似传统工业相机，由专用的嵌入式处理器和智能算法完成相应的功能。独立式智能相机具有专用指令集处理器（Application Specific Instruction Set Processor，ASIP），这是一种新型的具有处理器结构的芯片，为某个或某一类型应用而专门设计。设计者可以通过权衡速度、功耗、成本、灵活性等多方面因素定制 ASIP，从而适应嵌入式系统的需要。智能相机是完整的自主视觉系统，主要有以下优点：①使用简单；②可简化机器视觉系统的设计，提高机器视觉的使用效率；③输出带宽要求一般比较低；④相比于 PC 系统的机器视觉，其数据安全更容易保证；⑤系统稳定性更高；⑥外形简洁，在工业应用环境中使用更方便；⑦某些情况下功耗比较低；⑧综合成本更低。

智能相机的终端用户包括制造业、机器人、3C、半导体、制药业、医疗成像设备、食品和包装等。其执行的典型任务可以分为三大类：质量控制、条码和目标识别，以及过程监控和控制。简要介绍如下：

（1）质量控制　典型任务包括零件属性检查，如形状、颜色及纹理；物理尺寸的测量；位置检查；表面检查；完整性检查等。

（2）条码和目标识别　如一维码、二维码的读取，字符读取，解密矩阵码以及校验标签。这部分应用属于机器视觉的识别类应用，在工业和物流领域非常常见。

（3）过程监控和控制　包括零件计数、分类、有无检测。这一部分主要是在工业应用中对流水线的产品进行生产异常管理和流程控制。

3.5.2　面阵相机常见品牌

面阵相机在工业领域中应用十分广泛，早期由国外品牌占据市场，目前国内品牌在软硬件领域也表现出较强的竞争力。本节节选国内外几个主流品牌供读者做品牌认知。

几个典型的国外相机品牌如图 3-17 所示。

a) 康耐视

b) 巴斯勒

c) 基恩士

图 3-17　国外相机品牌

几个典型的国内相机品牌如图 3-18 所示。

a) 海康威视

b) 奥普特

c) 凌云

图 3-18　国内相机品牌

3.5.3　线阵相机常见品牌

线阵相机目前属于进入工业领域的初步阶段，在一些特定场景下被使用。图 3-19 和图 3-20 所示为两款主流的线阵相机。

图 3-19　加拿大 DALSA 线阵相机

图 3-20　德国 S+K 相机

目前，线阵相机主要以进口产品为主，价格普遍比较高。国内相机厂家也推出了不同规格的线阵相机，相比国外的线阵相机来说，性价比和服务及时性具有优势。市场上的线阵相机有两种类型：一是标准线阵相机；二是定制线阵相机。标准线阵相机以国外品牌为主。

习　题

1）工业相机有哪些特性参数？
2）CCD 芯片和 CMOS 芯片有哪些区别？
3）相机的信号传输接口协议有哪些？
4）面阵相机怎样选型？
5）线阵相机怎样选型？

第 4 章

图像采集卡

本章内容提要

1. 图像采集卡的基本原理
2. 图像采集卡的分类和应用

图像采集部分和图像处理部分需要一座“桥梁”，它就是图像采集卡。上一章讲到相机的数据接口主要有 USB 接口、IEEE1394 接口、GigE 接口、CameraLink 接口及 CoaXPress 接口。目前项目上应用较多的两种接口是 USB 接口和 GigE 接口。这两种接口没有额外配置采集卡，这是因为大部分计算机常见的两种传输接口就是 USB 和以太网接口，其采集卡已经被集成到主板上。而其他接口，则需要配置对应的图像采集卡。

4.1 图像采集卡的基本原理

图像采集卡又称图像捕捉卡，是一种可以获取视频及图像数字化信息，并将其输入计算机内存或 VGA 显存的硬件设备。

图像经过采样、量化以后转换为数字图像。数字图像输入、储存到帧存储器的过程，也称为数字化。

通常把图像采集卡作为图像采集和处理部分之间的接口，在硬件上作为相机与计算机之间的接口。

虽然 USB 和 GigE 接口不需要额外配置图像采集卡，但其缺点是 USB 和以太网/千兆网占用 CPU 内存较高。在某些场合下，图像视频信号的数据量非常大，这两种通用的传输接口不能满足要求，此时我们选择 IEEE1394、CameraLink 或 CoaXPress 传输接口，使用图像采集卡可通过局部总线完成数据的快速传输，并且能支持多通道多相机同时采集。

一般图像采集卡都是插装在台式机的PCI扩展槽上，经过高速PCI总线能够直接采集图像到VGA显存或主机系统内存。在使用PC时，PCI接口的理论带宽峰值为132MB/s。图4-1所示为典型的图像采集卡，通常采用PCI通信标准在计算机中扩展集成。

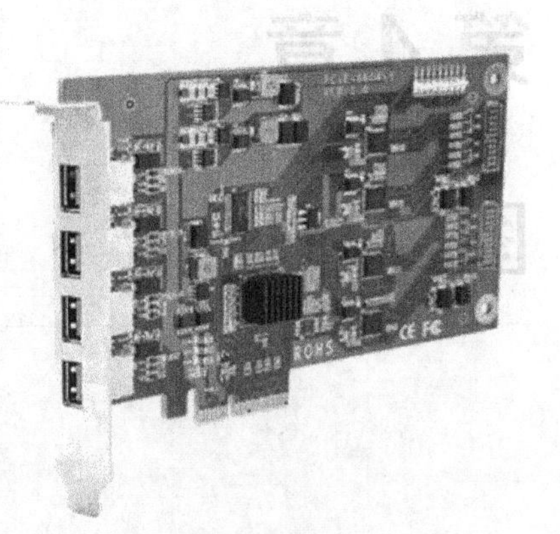

图4-1　典型的图像采集卡

PCI（Peripheral Component Interconnect）是Intel公司推出的定义局部总线的标准。这个标准允许在计算机内安装支持PCI标准的扩展卡，工业上经常使用的运动控制卡、数据采集卡、显卡等都可以安装在PCI总线上。最开始的PCI总线传输速度可达到132MB/s，后来出现的PCI-X传输速度可达264MB/s。目前发展到PCI-E，官方简称PCIe，它是计算机内部的一种高速总线。随着计算机上PCIe的使用越来越普遍，越来越多的图像采集卡都开始支持这种接口。

PCIe的普及，使我们可以直接将图像采集卡安装在计算机内，并且做到即插即用，非常方便地完成数据的快速传送，解决了数字视频在实时采集和传输上的技术瓶颈。

在多媒体领域的图像采集卡通常可以接收来自视频输入端的模拟视频信号，然后对该信号进行采集、量化成数字信号，再压缩编码成数字视频。目前市面上大多数的图像采集卡都具备硬件压缩的功能。其工作过程是：图像采集卡采集视频信号→采集卡对视频信号进行压缩→通过PCI接口把压缩的视频数据传送到主机上。

常见的PC视频压缩是采用帧内压缩的算法把数字化的视频存储成AVI文件。采集卡需采集到模拟视频序列中的每一帧图像，并在采集下一帧图像之前把这些数据传入计算机系统。因此，每一帧图像的处理时间是采集卡的关键指标。如果每一帧视频图像的处理时间超过相邻两帧之间的间隔时间，则会出现数据丢失的情况，也就是丢帧的现象。

与用于多媒体领域的图像采集卡不同，用于机器视觉系统的图像采集卡需实时完成高速、大数据量的图像数据处理，因而具有完全不同的结构。在机器视觉系统中，图像采集卡必须与相机协调工作，才能完成特定的图像采集任务。除完成常规的A/D转换任务外，应用于机器视觉系统的图像采集卡还应具备以下功能：

1）为了提高数据传输速度，许多相机具有多个输出信道，使几个像素可以并行输出。此时，需要图像采集卡对多信道输出的信号进行重新构造，恢复原始图像。

2）接收来自数字相机的高速数据流，并通过 PC 总线高速传输至机器视觉系统的内存。

3）对相机及机器视觉系统中的其他模块（如光源等）进行功能控制。

图像采集卡通常由以下基本模块组成：

（1）视频输入模块　视频输入模块是直接与相机相连的部分，它是图像采集卡的前端。为了适应多路的图像或视频信号的输入，一般图像采集卡都提供了内置的多路分配器。多路分配器是一种允许用户将多路视频信号连接至同一图像采集卡的电子开关。另外，图像分为彩色和单色，采集卡根据其功能，也有一些区别。大部分的单色图像采集卡均包含色度滤波器，它的作用是去除彩色信息，使图像采集卡可在彩色图像信号中采集黑白信号，这种设置避免了信号中彩色部分产生干扰，有利于图像的精确采集与分解。经过视频输入模块后，视频信号输入图像采集卡的 A/D 转换模块。

（2）A/D 转换模块　由于图像输入时是模拟信号，计算机要识别和处理这些信号，就需要对其进行转换。将模拟信号转换成数字信号的电路，称为模数转换器，简称 A/D 转换器。而采集卡中的 A/D 转换模块是图像采集卡的关键部分，同时它也与时序和采集控制模块密切相关。因为这种转换必须是实时的，必须采用专用的高速视频 A/D 转换器。

（3）时序及采集控制模块　这个模块的主要作用是与图像采集卡的同步电路相连，控制图像采集时的整个时序，其时序电路可以以固定频率或可变频率操作。

（4）图像处理模块　该模块对 A/D 转换后的数字信号进行处理，一般通过查找表（LUT）来完成。查找表一般由两部分构成：输入查找表和调色匹配查找表。输入查找表主要用于实时转换数据图像，或对数据图像灰度进行转换。尽管这些操作可通过软件方法由主机来完成，但通过图像采集卡的硬件可以实现更快的处理速度。调色匹配查找表用于黑白图像采集，用以控制主机的彩色调色板，避免软件应用中黑白图像的失真。

（5）PCI 总线接口及控制模块　PCI 总线接口控制可以用总线控制器，也可以用从控制器。对于机器视觉的应用，总线控制需要处理大量图像数据，并确保有足够的带宽。

（6）相机控制模块　该模块提供相机的设置及控制信号。

（7）数字输入/输出模块　该模块允许图像采集卡通过 TTL 信号与外部装置进行通信，用于控制和响应外部事件。此功能常用于工业应用。

4.2 图像采集卡的分类、应用及选用

1. 图像采集卡的分类

图像采集卡按照视频压缩方式，可以分为硬压卡和软压卡（消耗 CPU 资源）。硬压卡本身自带了视频压缩功能。

图像采集卡按照安装连接方式，可以分为外置采集卡和内置式板卡。在工业生产领域，经常使用上位机处理图像，所以内置式板卡比较常见。

图像采集卡按照视频信号源，可以分为数字采集卡（使用数字接口）和模拟采集卡。

图像采集卡按照视频信号输入输出接口，可以分为 USB 采集卡、HDMI 采集卡、IEEE1394 采集卡、DVI/VGA 视频采集卡及 PCI 视频卡等。

图像采集卡按照其用途可分为民用级图像采集卡、广播级图像采集卡和专业级图像采集卡。它们采集图像的质量不同。

图像采集卡按照其作用，可以分为 DV 采集卡、计算机视频卡、电视卡、多屏卡、流媒体采集卡、分量采集卡、高清采集卡、监控采集卡、DVR 卡、VCD 卡及非线性编辑卡等。

工业领域使用比较多的台式计算机（也称工控机），一般都带有 3~5 个固定的扩展插槽。扩展插槽主要有 PCI 插槽、PCI-E 插槽、ISA 插槽、AGP 插槽等，这些插槽直接与工控机的系统总线连接。网卡、声卡、显卡、图像采集卡等设备都安装在这个插槽上。图像采集卡是连接图像源和计算机的桥梁，所以在采集卡的板卡中都有两个接口：一个是连接图像源的视频接口，比如 VGA 接口、DVI 接口、USB 接口以及 1394 接口等；另一个与计算机主板相连，一般采用插槽系列或 USB 接口。

2. 图像采集卡的应用

在实际使用中，PCI 接口的平均传输速率为 50~90MB/s，有可能在传输瞬间不能满足高传输率的要求。为了避免与其他 PCI 设备产生冲突时丢失数据，图像采集卡上应有数据缓存。缓存在数据采集时起到数据暂存功能。如果没有缓存，CPU 只能以查询的方式读取数据，这种方式效率低，CPU 占用率高。一般情况下，2MB 的板载存储器可以满足大部分的任务要求。

在工业检测、交通运输、医学、军事等领域，常要根据处理过程的需要来决定摄像机的拍摄时间。如果图像采集卡已经具有数字 I/O 功能，能够产生摄像机和其他电子设备所需的选通、触发及其他电子信号，对系统是很有用的，否则将需要独立的数字 I/O 卡。

3. 图像采集卡的选用

并不是每一套工业机器视觉系统都需要图像采集卡，应根据相机的接口标准来确定，有些接口协议已经将该功能和相机集成为一体，则不需要单独选择采集卡。图 4-2 所示为图像采集卡的选型流程。

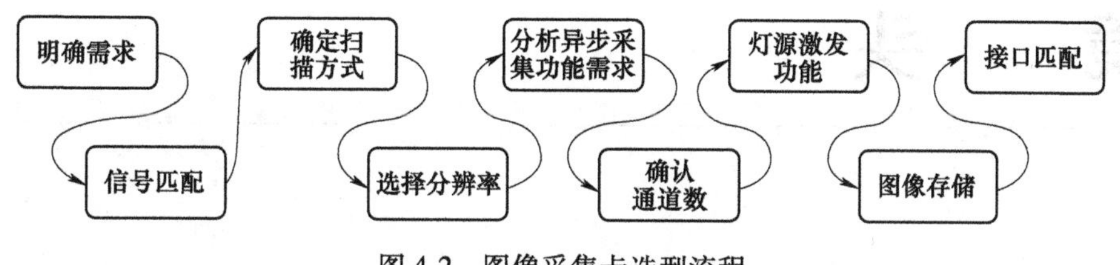

图 4-2　图像采集卡选型流程

1）工业机器视觉系统中为什么要使用图像采集卡？

2）图像采集卡有哪些作用？

3）图像采集卡有哪些种类？

4）怎样选择合适的图像采集卡？

第5章

镜　头

本章内容提要

1. 光学基础
2. 镜头结构和成像原理
3. 普通定焦镜头和选型
4. 远心镜头和选型

谈到摄影镜头，相信很多人对徕卡、蔡司都不陌生。而这些镜头品牌的发展历史也是与近代相机的发明兴起紧密相连的。从最简单的四片镜发展到今天能适应各行业，相机和镜头的设计及制造工艺都得到了非常大的发展。本章将在介绍光学基础知识和规律的基础上，系统讲述目前常见的工业镜头的结构和相关特征参数，以及工业定焦镜头和远心镜头的选型方法。

5.1 光学基础

镜头是一种光学器件，它的发明和发展离不开对光学的基础研究。光有一些特性，比如在同一介质内直线传播、反射、折射、衍射等。理解了这些特性有助于我们去理解镜头的成像过程。

5.1.1 光学基础定律

1. 光的传播

光是一种能量的形态，具有波粒二象性。

光线是表示光传播方向的直线，即沿光的传播路线画一条直线，并在直线上画上箭头表示光的传播方向（光线是假想的，实际并不存在）。在均匀介质中，光沿直线传播，如图 5-1 所示。

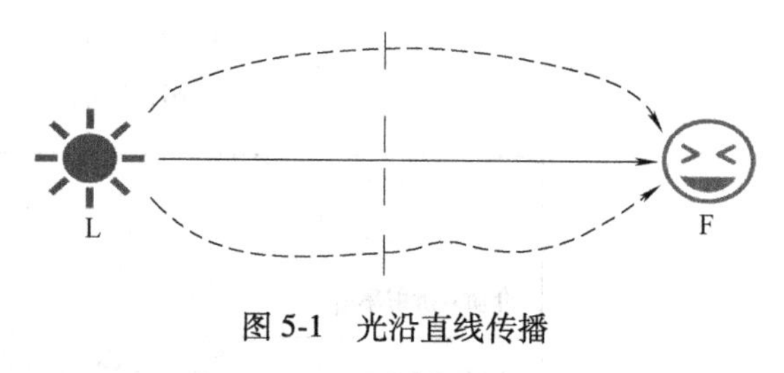

图 5-1　光沿直线传播

如果介质是非均匀的，则光的传播方向将会发生偏折，即不再沿着一条直线传播。例如，大气层是不均匀的，当光从大气层外射到地面时，光线发生了弯折。

光的传播路径也可以是曲线，这是因为光会受到引力影响，但不管光怎样传播，总是可以设法发现光的传播路径，其中非常重要的一个原因是光路是可逆的。

2. 光的反射

反射是光的基本特性之一，眼睛看到的物体其实是物体的反射光线在人眼中的成像。

如图 5-2 所示，入射光线与反射光线、法线在同一平面上；反射光线和入射光线分别在法线的两侧；反射角等于入射角。

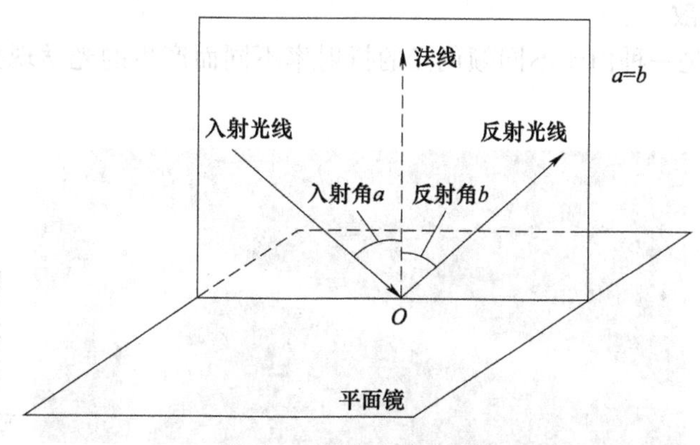

图 5-2　光的反射示意图

反射现象有两种方式：①镜面反射：平行光线经界面反射后沿某一方向平行射出，只能在某一方向接收到反射光线；②漫反射：平行光线经界面反射后向各个不同的方向反射出去，即在各个不同的方向都能接收到反射光线。

3. 光的折射

折射是光的另一种特性，主要体现为光在不同介质中的传播特性。

根据斯涅尔定律（Snell's Law，光的折射定律），光入射到不同介质的界面时会发生反射和折射（见图 5-3）。其中入射光和折射光位于同一个平面上，并且与界面法线的夹角满足如下关系：

$$\frac{\sin\theta_1}{\sin\theta_2} = \frac{n_2}{n_1}$$

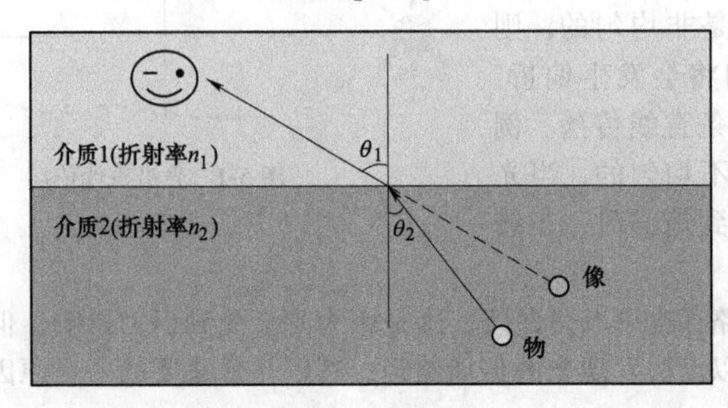

图 5-3 光的折射

如图 5-3 所示，光从介质 2 射入介质 1 时，折射光线与入射光线、法线在同一平面上，折射光线和入射光线分居法线两侧；由于介质 2 的折射率 n_2 大于 n_1，折射角大于入射角；入射角增大时，折射角也随着增大；当光线垂直射向介质表面时，传播方向不变，在折射中光路可逆。

4. 光的色散

光的色散是一种由于不同颜色光的折射率不同而产生的光学现象，如图 5-4 所示。

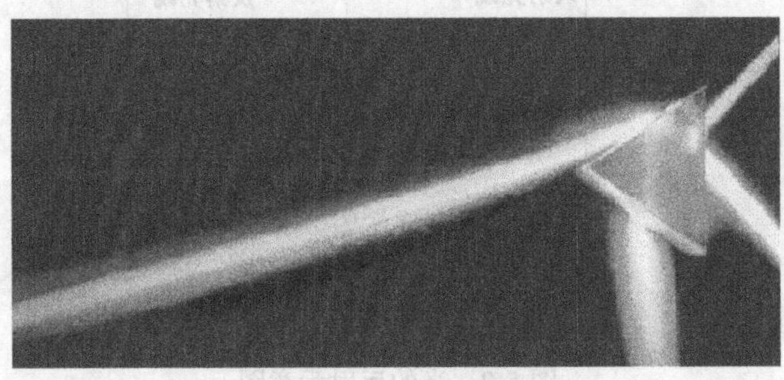

可扫描二维码
观看彩色图片

图 5-4 光的色散现象

白光其实是一种复色光，当一束平行的白色光从一种介质（例如真空或空气）射入另一种介质时，只要入射角不等于 0，不同颜色的光在空间被分散开。这个现象就是光的色散现象。同时这个现象也说明：①不同颜色的光具有不同的折射角，即不同的折射率；②不同的折射率，对同一颜色的光有不同的折射角。

光的色散现象在自然界中也比较常见，比如雨后的彩虹，形成的原因就是雨后阳光进入水滴，先折射一次，然后在水滴的背面反射，最后离开水滴时再折射一次，共经过一次反射两次折射。因为水对光有色散的作用，不同波长的光的折射率有所不同，红光的折射率比蓝光小，而蓝光的偏向角度比红光大。这就形成了我们看到的彩虹现象。

5.1.2　凸透镜成像

因为球面是最容易加工、最便于大量生产和检验的曲面，所以球面透镜已经成为大多数光学系统中的基本成像元件。球面透镜按照对光线的作用可以分为两大类：对光线起会聚作用的称为会聚透镜，它的光焦度为正值，又称为正透镜；对光线起发散作用的称为发散透镜，它的光焦度为负值，又称为负透镜。透镜分为凸透镜和凹透镜两类。其中凸透镜包括双凸、平凸和月凸三种类型。凸透镜不一定都是正透镜，还与透镜的厚度有关。

在空气介质中，单个透镜的焦距表达式为

$$f = nr_1r_2/\{(n-1)[n(r_2-r_1)+(n-1)d]\}$$

式中，n 为透镜的折射率；r_1 和 r_2 分别为透镜两个表面的曲率半径；d 为透镜的厚度。图 5-5 为凸透镜成像光线图。

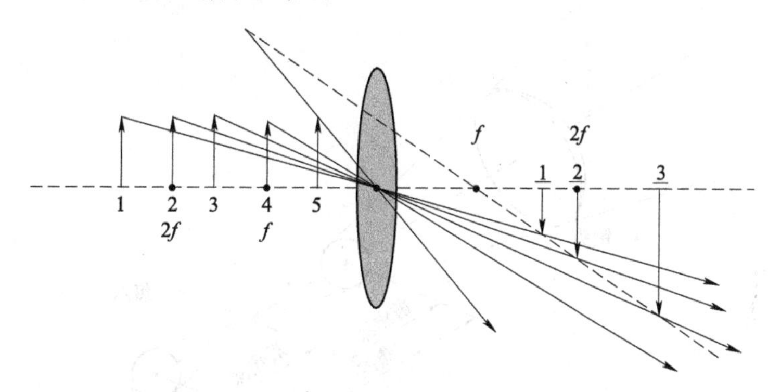

图 5-5　凸透镜成像光线图

凸透镜成像是折射成像，所成的像可以是倒立、缩小的实像，也可以是倒立、等大的实像，还可以是正立、放大的虚像。而相机的镜头就是一个凸透镜，胶片就是屏幕。

关于透镜成像，这里有几个光学概念需要理解：

1. 焦点（Focus）

与光轴平行的光线射入凸透镜时，理想的镜头应该使所有的光线聚集在一点后，再以锥状扩散开来。这个聚集所有光线的点就叫作焦点，如图 5-6 所示。

2. 弥散圆（Circle of Confusion）

物点成像时，由于像差的存在，其成像光束不能会聚于一点，在像平面上形成一个扩散的圆形投影，称为弥散圆。它也被称为弥散圈、弥散环、散光圈、模糊圈或散射圆盘。在现实中，观赏拍摄的影像一般以投影、屏幕或放大成照片等形式来观看。也就是说，人眼所感受到的影像与放大率、投影距离及观看距离有很大的关系。若这个圆形图像的直径足够小，成像会足够清晰，如果圆形再大些，图像则显得模糊，在这个临界点所成的像被称作容许弥散圆。如果弥散圆的直径大于人眼的鉴别能力，在一定范围内实际影像产生的模糊是不能辨认的，这个不能辨认的弥散圆就成为容许弥散圆（Permissible Circle of Confusion）。如果此圆形足够小，肉眼不可见，则视为合焦成像。这个可以接受的最大直径称为容许弥散圆直径。在摄影中，可通过弥散圆判断图像是否锐利，进而判断景深的大小，如图 5-7 所示。

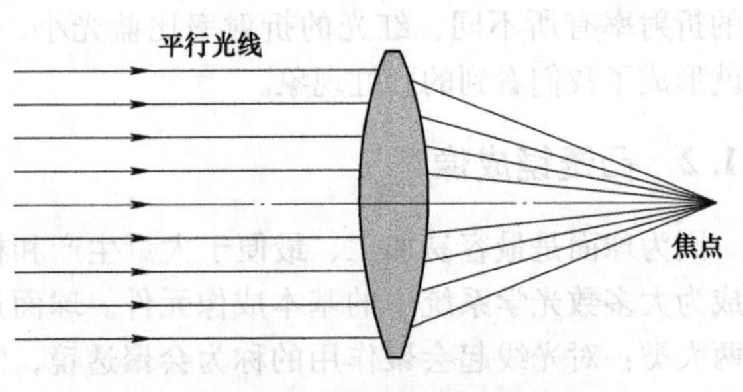

图 5-6　凸透镜的光路和焦点

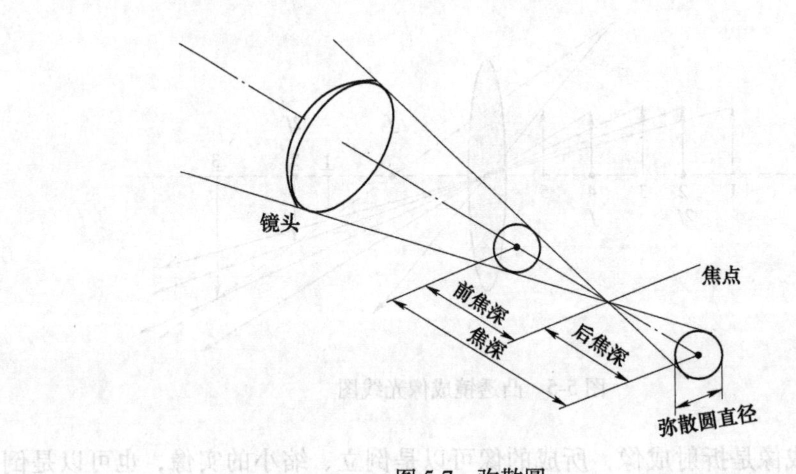

图 5-7　弥散圆

3. 景深（Depth of Field，DOF）

在镜头前方（焦点的前、后）有一定长度的空间，当被摄物体位于这段空间内时，其在底片上的成像恰位于同一个弥散圆之间。被摄物体所在的这段空间的长度，就叫景深。光圈、镜头及焦平面到拍摄物的距离是影响景深的重要因素。

换言之，在这段空间内的被摄物体，其呈现在底片面的影像模糊度，都在容许弥散圆的限定范围内，如图 5-8 所示。

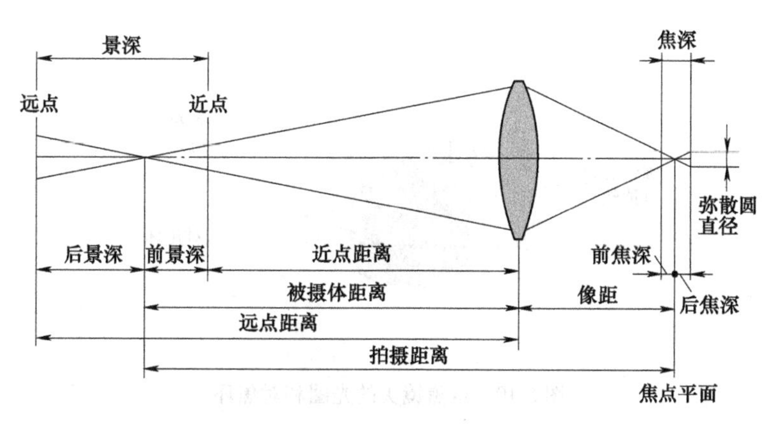

图 5-8 景深

5.2 镜头基础知识

镜头是一种光学部件，在工业视觉中镜头的基本功能是实现光束变换（调制），以此将调制后的光线规律地照射在图像传感器的光敏面上，从而完成成像。这与人类视觉中晶状体功能相似，主要是对成像前的光线进行调制，以达到最佳成像效果。

5.2.1 镜头的结构和原理

镜头的内部结构如图 5-9 所示。

从相机镜头的截面图上，会发现镜头里有好几片凸凹不同的镜片，称为正、负透镜。正（凸）透镜使光线会聚，产生实像；负（凹）透镜使光线散射，不产生实像。正负透镜结合可以使形成的影像不仅清晰，还可以减弱像差，提高成像质量。因此，所有的相机镜头都由数量不等的正负透镜组成。越高级的镜头透镜片数越多。镜头一般至少由 4 片 3 组透镜组成。镜片通常由研磨精细的光学玻璃制成，并且在镜片表面进行镀膜处理，同时为了使图像清晰明亮，还会有光圈和对焦环等组件，如图 5-10 所示。

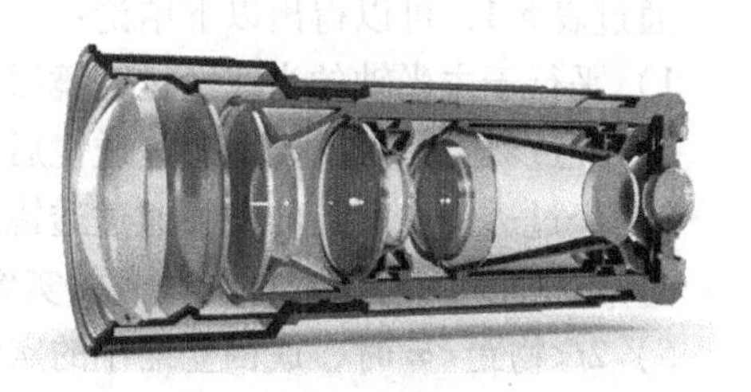

图 5-9 镜头剖面图

镜头成像的原理是凸透镜成像。物距 WD 和焦距 f 的大小关系直接影响能否成像及成像的效果，见表 5-1。

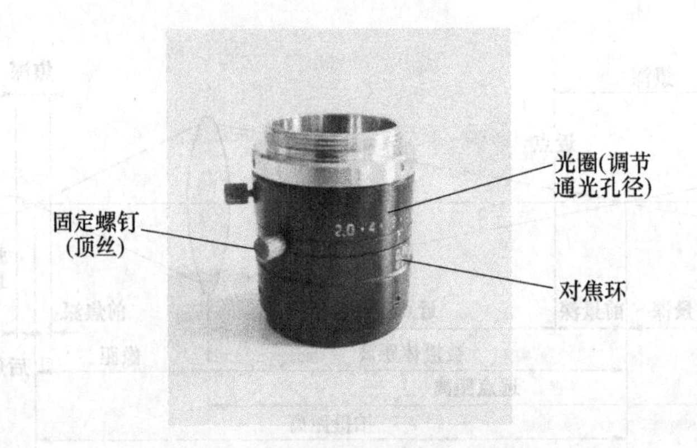

图 5-10　定焦镜头的光圈和对焦环

表 5-1　不同焦距关系的成像

序号	物距 WD 与焦距 f 的位置	像的性质	相当原理	像距 v 与焦距 f 的位置
1	WD>2f	倒立、缩小的实像	相机	$f<v<2f$
2	WD＝2f	倒立、等大的实像		$v=f$
3	f<WD<2f	倒立、放大的实像	幻灯机	$v>2f$
4	WD＝f	不成像		
5	WD<f	在光屏中不成像，从光屏透过凸透镜成正立、放大的虚像	放大镜	

通过表 5-1，可以得出以下结论：

1）平行于主光轴的光线经过透镜后都会在像方焦点汇聚。

2）经过物方焦点的光线通过透镜后都会平行于主光轴。

3）经过透镜中心点的光线通过透镜后方向不改变。

4）f<物距<2f 时，成倒立放大的实像。

5）2f<物距<∞ 时，成倒立缩小的实像。

同样，工业视觉系统中，一般物距大于 2 倍的焦距，成倒立、缩小的实像。

5.2.2　镜头的相关参数

在实际应用过程中，镜头的性能参数除代表本身的固有意义之外，也和使用工艺相关，所以应结合实际应用场景理解镜头的参数，如图 5-11 所示。

1. 焦距/像距

焦距是指镜头的光学主点到焦点的距离，符号为 f，是镜头的重要参数，镜头焦距的长短决定着拍摄的工作距离、成像大小、视场角和景深。光学器件有

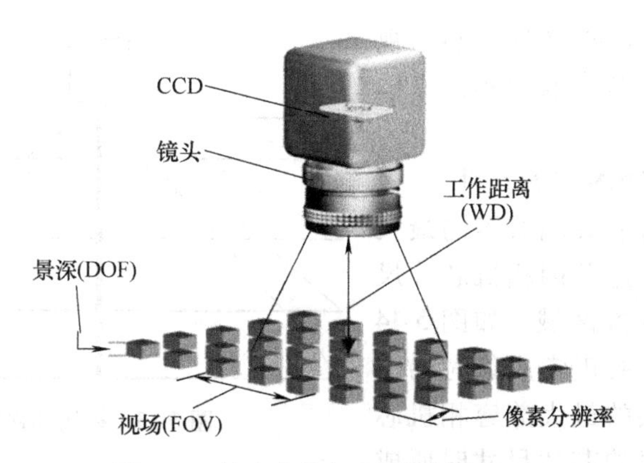

图5-11 镜头参数与应用场景的关系

一些标准的镜头焦距，一般的焦距有4mm、6mm、8mm、12mm、16mm、25mm、35mm、50mm、75mm和100mm。焦距通常和工作距离同时讨论。

像距是指透镜中心与成像面的垂直距离。在实际模拟计算中，像距和焦距近似相等，像距通常和物距同时讨论，如图5-12所示。

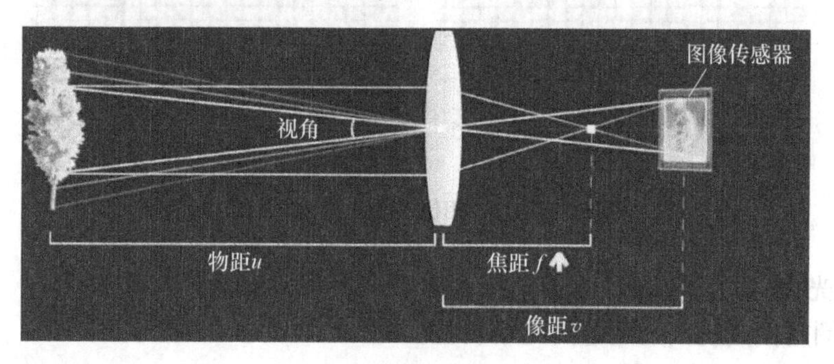

图5-12 镜头成像模拟

2. 工作距离/物距

工作距离是镜头的光学中心到目标平面的距离，用WD（Working Distance）来表示。当距离很大时，近似认为镜头底端到拍摄平面的距离即工作距离。需要注意，一款镜头不能对任意物距下的目标都能清晰成像。工作距离通常和焦距同时讨论。

物距是指被测目标物到透镜中心的垂直距离。在实际模拟计算中，工作距离和物距近似相等，物距通常和像距同时讨论，如图5-11和图5-12所示。

3. 视场/视场角

视场是指通过相机镜头能观测到的实际尺寸。视场也称为视野，用FOV（Field of View）来表示。视场的大小与镜头的焦距和工作距离有关。

视场角是指镜头光学中心与视场各点、边、线形成的夹角，具体如图 5-13 所示。

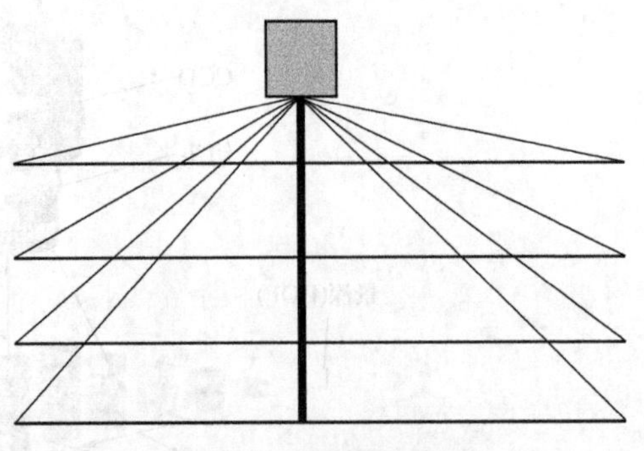

图 5-13 视场和视场角

4. 最大兼容相机芯片尺寸

该尺寸是指镜头能兼容的最大相机芯片尺寸，避免因相机芯片尺寸过大而引起无效区域。如图 5-14 所示，图 a 是镜头正常成像时的图像，图 b 是镜头的最大兼容相机芯片尺寸小于相机的芯片尺寸时所成的像，可以看到视野的边缘区域出现被镜头遮挡的情况。

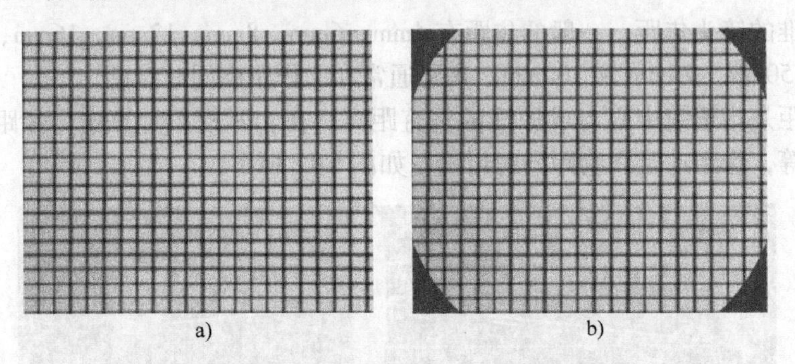

图 5-14 最大兼容相机芯片尺寸对成像的影响

5. 光圈

光圈是控制镜头光通量的光学装置。

光圈代表了镜头的透光能力。光圈数一般用 F 值表示，F 值是物镜焦距（*f*）与入射光瞳周长（*D*）的比值。光通量与 F 值的平方成反比，F 值越小，光通量越大。光圈值调大一级，光通量变为前一级的 1/2。常用值为 1.4、2、2.8、4、5.6、8、11、16、22 等几个等级，如图 5-15 所示。

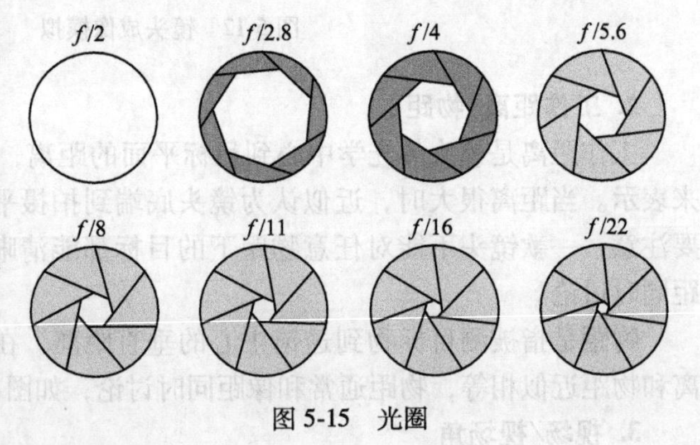

图 5-15 光圈

在实际使用镜头时，必须设置好光圈的大小。这里需要注意的是，光圈孔径的大小和光圈值成反比。光圈值越大，其孔径越小，拍摄的图像整体越暗；反之，图像整体越亮。这是因为光圈的大小直接控制了视野内景物反射进入相机的光通量的多少。

6. 景深

光圈、镜头焦距和拍摄距离对景深的影响如下：

（1）光圈　光圈越大，景深越小；光圈越小，景深越大。

（2）镜头焦距　镜头焦距越长，景深越小；焦距越短，景深越大。

（3）拍摄距离　距离越远，景深越大；距离越近，景深越小。

景深示意图如图5-16所示。

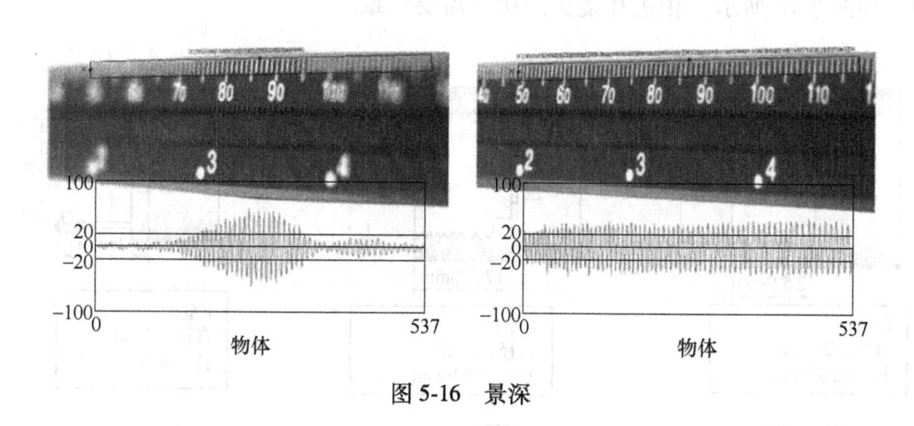

图5-16　景深

7. 畸变

成像过程中局部放大倍数不一致而造成的物像不相似的现象叫作畸变。透镜制造精度以及组装工艺的偏差会引入畸变，导致原始图像的失真。镜头的畸变分为径向畸变和切向畸变两类，畸变像差只影响成像的几何形状，而不影响成像的清晰度。畸变是一直存在的，作为镜头的性能参数指标，需要通过对图像进行处理来尽可能减小畸变。

（1）径向畸变　径向畸变是沿着透镜半径方向分布的畸变。这种畸变在普通的廉价镜头中表现更加明显，径向畸变主要包括桶形畸变和枕形畸变两种（见图5-17）。短焦距镜头一般为桶形畸变，长焦距镜头一般为枕形畸变，在进行高精度测量时，需要进行校正。

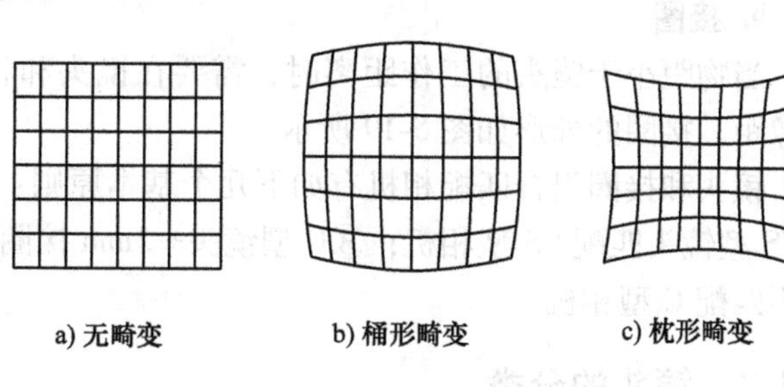

a) 无畸变　b) 桶形畸变　c) 枕形畸变

图5-17　畸变的不同类型

（2）切向畸变　切向畸变是由于透镜本身与相机传感器平面（成像平面）或图像平面不平行而产生的，这种情况多由透镜被粘贴到镜头模组上的安装偏差所导致。

焦距越小，视野越大，畸变程度越大。远心镜头无视场角，可以有效处理畸变。

视场角、工作面不平整造成工作距离差异带来的放大倍数的差异等是形成畸变的原因。

8. 镜头接口

镜头接口即连接镜头和相机的接口，主要三种标准接口：C 型、CS 型、F 型，如图 5-18 所示。相机和镜头的接口需要一致。

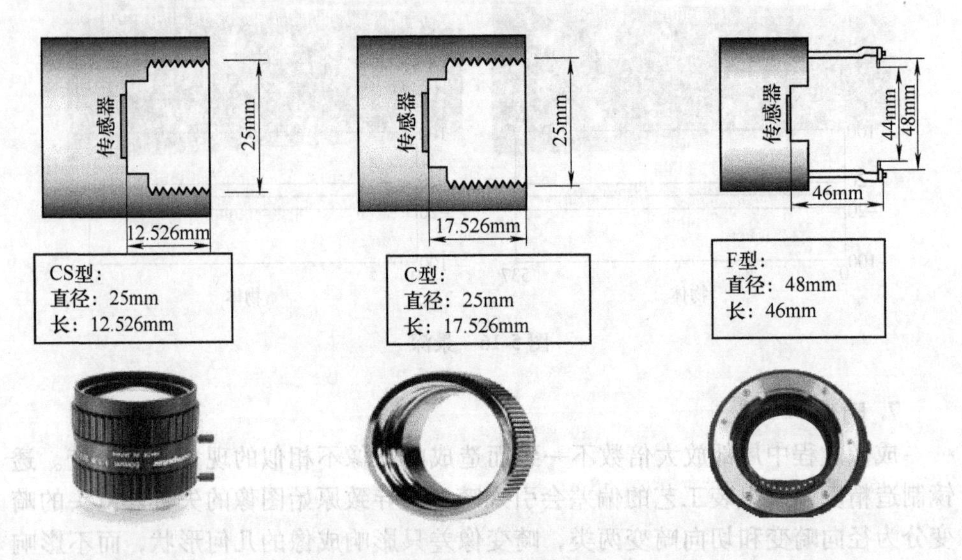

图 5-18　镜头和相机光学接口匹配

9. 接圈

当物距小于镜头的工作距离时，需要在镜头和相机之间增加接圈，用来增大像距。接圈的外形如图 5-19 所示。

镜头和接圈组合匹配相机有如下几个基本原则：①C 型镜头匹配 C 型相机；②CS 型镜头匹配 CS 型相机；③C 型镜头+ 5mm 接圈匹配 CS 型相机；④CS 型镜头不匹配 C 型相机。

5.2.3　镜头的分类

不同类型的镜头，其结构也会有比较大的差异。镜头有以下分类方法：

1. 按照有效像场分类

最大像场范围的中心部位有一个区域，它能使存在于无限远处的景物形成清晰影像，这个区域称为清晰像场。相机的靶面一般都位于清晰像场之内，这一限定范围称为有效像场。根据有效像场的不同，镜头可以分为：

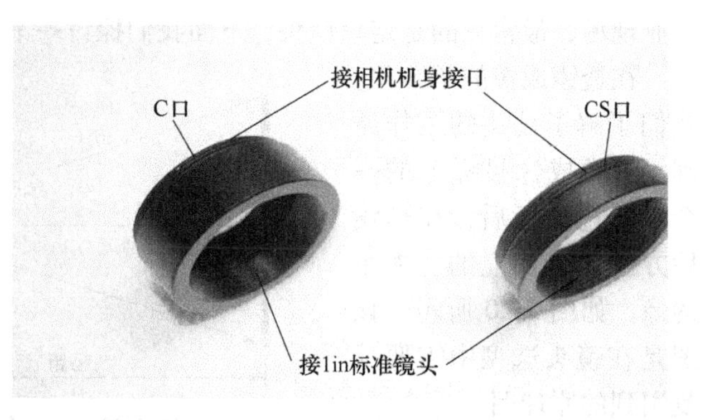

图 5-19　接圈实物图

1）120 型相机镜头，有效像场尺寸为 80mm×60mm。

2）127 型相机镜头，有效像场尺寸为 40mm×40mm。

3）135 型相机镜头，有效像场尺寸为 24mm×36mm。

4）大型相机镜头，有效像场尺寸为 240mm×180mm。

2. 按照焦距分类

按照镜头焦距的长短，镜头可以分为短焦距镜头、中焦距镜头和长焦距镜头三种。

常见 135 相机镜头的焦距一般为：

1）短焦距镜头：7.5~28mm。

2）中焦距镜头：35~85mm。

3）长焦距镜头：135~300mm。

4）超长焦距镜头：400~1200mm。

根据焦距是否能够调节，镜头可以分为定焦镜头和变焦镜头两种，其中变焦镜头可分为手动变焦镜头和电动变焦镜头两类。

3. 按照镜头接口类型分类

工业相机常用的接口有 C 型接口、CS 型接口、F 型接口、C/Y 型接口、SA 型接口和 OM 型接口等。接口的不同类型不会影响镜头的性能和质量，但不同生产商的不同接口的镜头之间需要加转接环进行接口的转换。

4. 按照镜头光路或视差不同分类

镜头根据光路或视差的不同可以分为普通光学镜头和远心镜头。远心镜头是为了消除视差而设计的，其光路与普通镜头有区别。

5.2.4　镜头的选型

在工业生产领域，镜头是否合适直接影响工业机器视觉系统成像效果的好坏，进而影响最终的检测或定位精度，所以选取合适的镜头显得尤为重要。在工业现场，最常见的是定焦镜头，下面我们探讨一下其选型。

在透镜成像的章节里，我们了解了镜头的工作原理，通常成像目标上的一个点通过透镜后，在透镜后方成一个倒立的、缩小的像，如图 5-20 所示。该图是在镜头选型中需要反复用到的原理图。

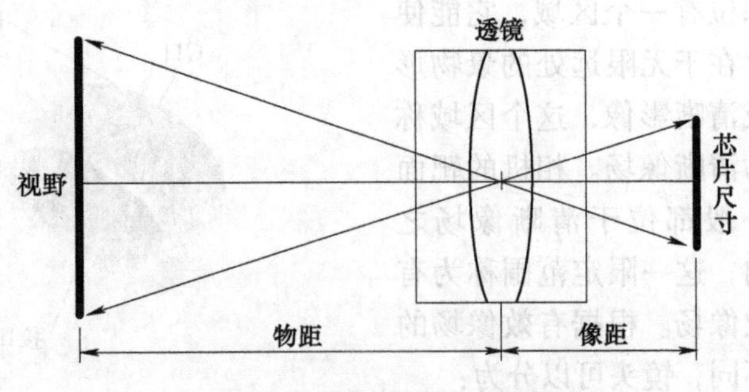

图 5-20　成像各参数关联示意图

由图 5-20 可以看到，可以根据相似三角形的关系，计算出放大倍率：放大倍率 = 像距/物距 = 芯片尺寸/视野。

为了简化和方便计算，通常我们可以认为，物距的大小约等于工作距离（WD），像距约等于焦距 f，视野为 FOV，可以得到计算公式：

$$\frac{\mathrm{FOV}}{芯片尺寸}=\frac{\mathrm{WD}}{f}$$

进一步可以得出

$$f=\frac{\mathrm{WD}\times 芯片尺寸}{\mathrm{FOV}}$$

其中，WD 是产品表面到镜头的距离，这个距离在进行机构设计时可以得到设计值。芯片尺寸在相机选型完成后，也可以通过查找厂家的相机产品的参数获得，FOV 的大小可通过被测目标物的尺寸大小确定。这样，就可以通过计算获得镜头的焦距 f，这一点在选取普通定焦镜头时至关重要。但是，除了定焦镜头外，远心镜头由于其特殊的光路设计，它在一定的工作距离内，所得图像的放大倍率不随工作距离的变化而变化，也不存在焦距一说。在常规的有无判断、表面缺陷检测、颜色分析等对系统精度要求不高的应用中，可以选用普通镜头。对于精密测量的应用需求则考虑选择远心镜头。

另一种类型的镜头是变焦镜头，顾名思义，其焦距是可以变化的。

定焦镜头、远心镜头、变焦镜头的选型思路如图 5-21 所示。

有了这个基础，再看一下定焦镜头的选型步骤。

1. 确认焦距

一般情况下，镜头的焦距越大，其工业机器视觉系统的工作距离就越大；焦距越小，工作距离越小，其视野也就越大。

2. 确认镜头的最大兼容芯片尺寸

镜头选型时需要注意镜头的最大兼容芯片尺寸，否则可能出现成像时图像边角被遮挡的情况，导致取像不完整。一般应根据相机的芯片尺寸确认镜头的最大兼容芯片尺寸，遵循原则为：镜头的最大兼容芯片尺寸大于相机的芯片尺寸。

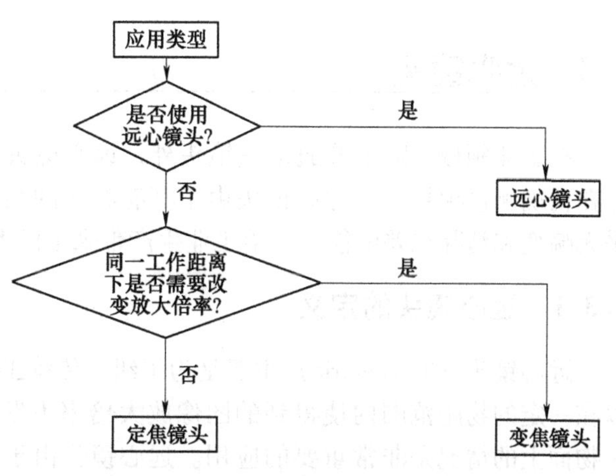

图 5-21　三种类型镜头的选型思路

3. 分辨率匹配

每款镜头都有对应的分辨率。比如某款镜头的分辨率是 200 万像素，已经选型的相机的分辨率为 500 万像素，匹配后就会出现整体分辨率下降、成像不清晰等问题，最终不符合项目精度要求。用过高分辨率的镜头去匹配此相机，又会导致镜头分辨率的浪费和成本增加，所以一般镜头的分辨率只需要等于或略高于相机的分辨率即可。

4. 确认接口

镜头与相机的连接方式有 C/CS/F/M42 等接口形式。选择镜头时要与相机的接口进行匹配。

5. 确定景深和光圈

对于一些对景深有要求的特殊场合，尽量使用小光圈的镜头。在选择放大倍率的镜头时，在系统允许的情况下，应选择低倍率镜头。一般需要遵循以下原则：①光圈越大，景深越小；光圈越小，景深越大；②焦距越长，景深越小；焦距越短，景深越大；③距离拍摄物体越近，景深越小；距离拍摄物体越远，景深越大。

6. 与光源的配合

在一些场合下，光源的工作波长比较特殊，比如红外光或紫外光等，这时需要选择与之配合的镜头。

7. 其他考虑因素

1）镜头的畸变率。同一款镜头也可能有不同的镜头畸变率，一般根据项目需求，尽可能选择畸变率低的镜头。

2）安装空间。镜头的直径或长度大小选择不合适可能会造成安装时机构干涉，所以需要注意镜头安装空间。

3）成本。不同厂家的镜头价格差异比较大，镜头的选型时，成本可能也是客户关心的内容。

5.3 远心镜头

在工业领域，除了普通定焦镜头外，远心镜头也是一种常见的镜头，特别是在精确测量项目上。远心镜头由于其有特殊的结构和成像特点，特别是其几乎无畸变和消除视差的能力，给工业生产带来了巨大的助力。

5.3.1 远心镜头的定义

远心镜头（Telecentric）主要是为了纠正传统工业镜头视差而设计的，它可以在一定的物距范围内使得到的图像放大倍率不发生变化，这对被测物不在同一物面上的情况是非常重要的应用。远心镜头由于其特有的平行光路设计一直为对镜头畸变要求很高的机器视觉应用场合所青睐。

5.3.2 远心镜头的分类和原理

远心镜头又分为物方远心镜头、像方远心镜头和双侧远心镜头等，如图 5-22 所示。

a) 物方远心镜头　　b) 双侧远心镜头

图 5-22　远心镜头

1. 物方远心镜头

传统镜头的光路如图 5-23 所示。

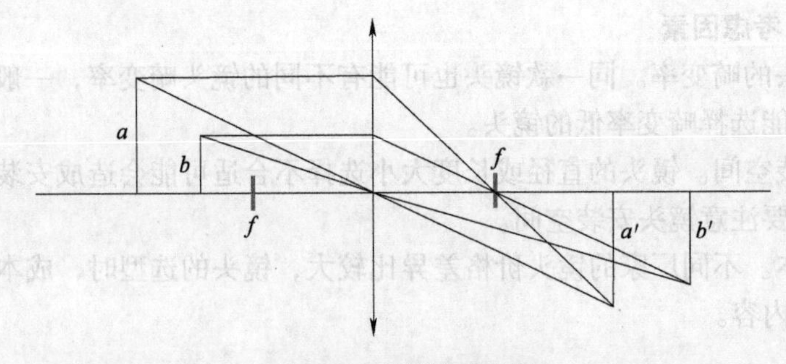

图 5-23　传统镜头光路

在图5-23所示光路中，物 a、b 的光线通过镜头中心沿直线传播，其他区域的光线通过透镜后穿过焦点投影到后方的成像面上。这就是普通镜头成像的光路图。

如果在像方焦点处放置一个小孔，光路就变成了图5-24所示。

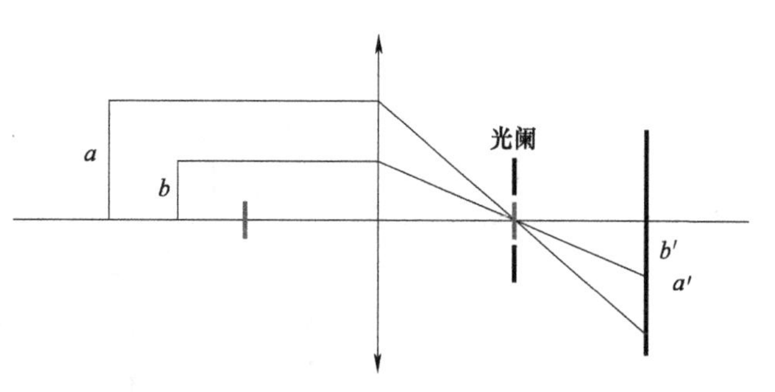

图5-24 物方远心镜头光路

图中的这个小孔就是远心镜头里的光阑，它的作用是只让平行入射的物方光线可以达到像平面成像。只从图中的几何关系可以看出这时像就没有近大远小的关系了。这就是物方远心镜头的成像原理。之所以叫物方远心，是因为它接收平行光成像，相当于物体在无穷远处。

物方远心镜头能够消除物方因调焦不准确而导致的读数误差。物方远心镜头的缺点是放大倍数与像距有直接关系。实际使用时相机安装的远近会影响放大倍数，所以每个镜头系统都要单独标定放大倍数。

2. 像方远心镜头

光路本身是可逆的，那么将物方远心镜头的光路反过来就成了像方远心镜头的光路，如图5-25所示。

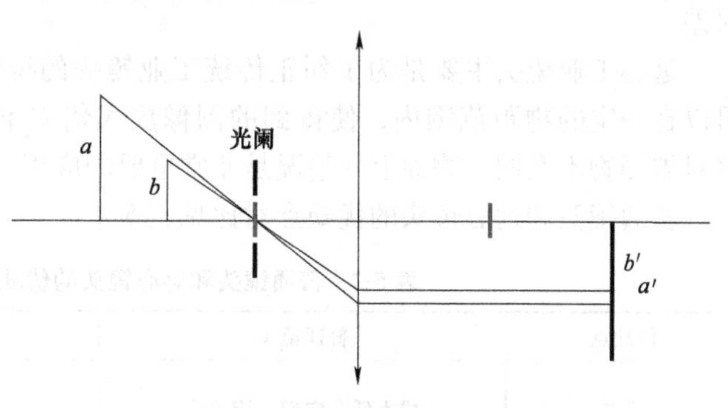

图5-25 像方远心镜头光路

这种镜头的特点是放大倍数与像距无关，相机离得远还是近都不影响放大倍数。像方远心镜头能够有效消除因像方调焦不准而导致的测量误差。

3. 双侧远心镜头

结合物方远心和像方远心的光路就成了双侧远心镜头。其光路如图5-26所示。

这种镜头的特点是物体离得远近或者相机离得远近都不影响放大倍数，所以广泛应用于机器视觉测量检测领域。当然，实际的远心镜头中小孔光阑不可能无限小，那样进来的光线太少，所以实际的圆心镜头还是会有一定的近大远小的情况（这个指标称为远心度，远心镜头的远心度通常小于0.1°）。物距也不

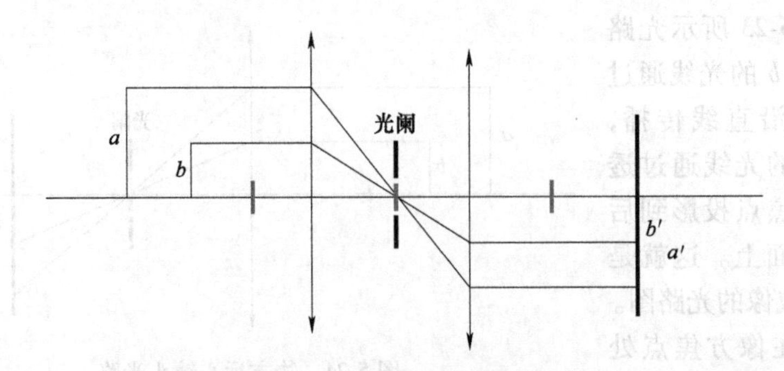

图 5-26 双侧远心镜头光路

是任意的，但是它比普通镜头的景深要大得多。双远心镜头不仅能利用光圈与放大倍率增强自然景深，更有非远心镜头无可比拟的光学效果：在一定物距范围内移动物体时成像不变，即放大倍率不变。

在精密线性测量时，经常需要从物体标准正面（完全不包括侧面）观测。此外，许多机械零件无法精确放置，测量时间距也在不断地变化，而我们却需要能精确反映实物的图像。远心镜头可以解决以上问题：因为入射光瞳可位于无穷远处，成像时只会接收平行光轴的主射线，所以远心镜头无透视误差。

远心工业镜头主要是为了纠正传统工业镜头的视差而特殊设计的镜头，它可以在一定的物距范围内，使得到的图像放大倍率不会随物距的变化而变化，这对被测物不在同一物面上的情况是非常重要的应用。

普通镜头和远心镜头的优缺点对比见表 5-2。

表 5-2 普通镜头和远心镜头的优缺点

优缺点	普通镜头	远心镜头
优点	成本低，实用，用途广	放大倍数恒定，不随景深变化而变化，无视差
缺点	放大倍率会有变化，有视差	成本高，尺寸大，重量大

5.3.3 远心镜头的选型

1）获得当前项目的产品尺寸或视野（FOV）、选用的相机芯片的靶面尺寸和像元大小、工作距离、相机的接口。

2）计算远心镜头的放大倍率。

3）确认景深范围：在满足使用条件的前提下，景深范围越大，说明远心系统的光学特性越好。

4）查找和匹配对应的镜头厂家的型号和参数列表，选定合适的远心镜头。主要对照和匹配的参数：接口类型、最大兼容芯片尺寸、放大倍数、分辨率、工作距离、最大视场、景深范围是否满足需求。

5）其他因素：如安装问题、成本问题等。

5.4　典型镜头品牌

高质量的镜头离不开光学技术和镜头制造工艺的发展，近代镜头的发展也经历了近两百年的历史，在世界范围内出现了一些制造工艺领先、有着深厚技术积累的光学镜头品牌。

国际上有代表性的有德国的莱卡（Leica）、卡尔蔡司（Carl Zeiss）、施耐德（Schneider），以及日本的基恩士（Keyence）、佳能（Canon）、尼康（Nikon）和富士（Fuji）等，如图 5-27 所示。

a) 蔡司

b) 基恩士

c) 富士

图 5-27　国外典型品牌镜头

国内的厂商在工业镜头领域近些年发展也比较迅速，比如普密斯（Pomeas）和奥普特（OPT）等，如图 5-28 所示。从技术角度来看国内厂商的镜头制作工艺虽然和国外老牌厂商相比还有差距，但已经能够满足视觉系统的基本需要，如何提高品牌知名度、获得市场的信任、提高国产镜头的技术品质成为国内镜头厂家需要突破的难点。

a) 奥普特

b) 普密斯

图 5-28　国内典型品牌镜头

习　题

1）机器视觉成像的光学本质是什么？

2）镜头有哪些特性参数？

3）普通定焦镜头如何选型？

4）远心镜头如何选型？

第6章

光　　源

本章内容提要

1. 光源的作用和种类
2. 主流 LED 光源
3. 光源控制器
4. 配光的艺术
5. 光源选型

光源是机器视觉系统中非常重要的一环。在工业领域，光源的选型和打光方式直接对工业视觉系统中采集到的图像效果起着决定性的作用。合适的光源和打光方式可以提高成像的质量，更利于对图像进行处理，同时还能提高机器视觉系统整体的稳定性。光源的种类非常多，但在工业视觉里，目前 LED 光源是主流。LED 发光模式种类多样，易于控制和定制是其在工业光源中占据主导地位的关键因素。

6.1　光源概论

本节重点介绍光源的三个主要作用和光源的分类。光源的三个作用分别是照明目标物、保证图像采集的稳定性、形成有利于图像处理的成像效果。光源常见的种类有氙灯、荧光灯、卤素灯、LED 灯。

6.1.1　光源在机器视觉系统中的重要作用

一个完整的机器视觉系统要完成两个目标：图像的采集和图像的处理。在图像处理时，所研究和分析的对象是“图像”，因为所有的信息都来源于图像，所以怎样得到一幅好的图片是图像采集部分设计好坏的一个重要判断标准。而图像采集部分，除了相机、镜头，还有光源。而光源通常是很多人构建机器视觉系统时比较容易忽视的部分。实际上光源在机器视觉系统中起着至关重要的作用。光源的作用有如下三点：

1. 照明目标物，提高亮度

根据成像的原理，只有目标物的光（无论是自发光还是反射光）进入镜头，然后在相机上才能成像。生活中的经验也告诉我们，没有光，人眼就无法看到任何景物。所以光源的第一个作用，也是最基础的作用就是照亮目标物，并且可以提高物体反射光的亮度。

2. 克服环境光的干扰，保证图像采集的稳定性

以工业应用领域为例，由于工业机器视觉系统在现场的使用条件有时比较复杂，会受外界的环境光、电磁、振动等的干扰，其中环境光包括自然光、厂内照明光、各种反射光线等，这些都有可能对目标物成像的效果产生影响。设计合理的工业视觉系统的光源，可以保证目标物的照明亮度的稳定性，并减小外界环境光产生的干扰，保证图像采集的稳定性。

3. 形成有利于图像处理的成像效果

合适的光源设计可以突显出目标对象或缺陷与背景的差异，提高图像的对比度，从而大大方便在图像处理时对算法的设计。

6.1.2 光源的种类

光源可分为可见光和不可见光。在生活中，我们能见到的各种各样的光源大部分是可见光源。机器视觉系统中目前的主流光源是LED光源。

按照发光机理，机器视觉系统中的光源可以分为：

1）电阻放光，如白炽灯。

2）荧光粉发光，如荧光灯。

3）电弧和气体发光，如钠灯。

4）固态芯片发光，如LED。

机器视觉系统中比较常见的光源是荧光光源和LED光源，具体有如下类别：

1. 氙灯（见图6-1）

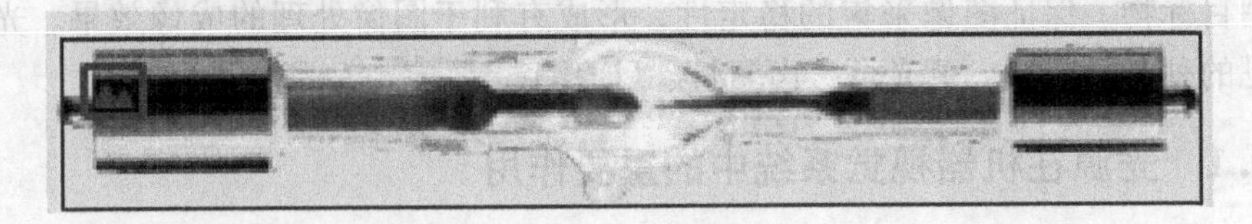

图6-1　氙灯

其发光原理是通过启动器和电子镇流器，将电压提高至 23000V 以上，高压击穿氙气从而导致氙气在两个电极之间形成电弧并发光。使用寿命约 1000h。

优点：温度高，色温与日光接近。

缺点：响应速度慢，发热量大，寿命短，工作电流大，供电安全要求严格，易碎。

2. 荧光灯（见图 6-2）

优点：扩散性好，适合大面积均匀照射；荧光灯能够做成不同的形状及大小，发热少，使用寿命约 1500~3000h，其灯管产生的漫射光有利于测量金属元件。

图 6-2　荧光灯

缺点：响应速度慢，亮度较低。传统的冷阴极荧光灯显色性不好，寿命和可靠性都比较低。因为变光是多种波长的光混合而成，所以使用时非彩色 CCD 对图像的识别精度会受到影响。三基色荧光灯的显色性较好、光效强，在彩色图像视觉检测中应用较多。

3. 光纤卤素灯（见图 6-3）

使用寿命约 1000h。

优点：亮度高，可实现点光源光纤输出。光纤为双叉输出，照射形式灵活多样，可以连续光强调节，尤其适用于可见光区的催化试验及连续光谱的测试。

缺点：响应速度慢，几乎没有光亮度和色温的变化。

4. LED 灯（见图 6-4）

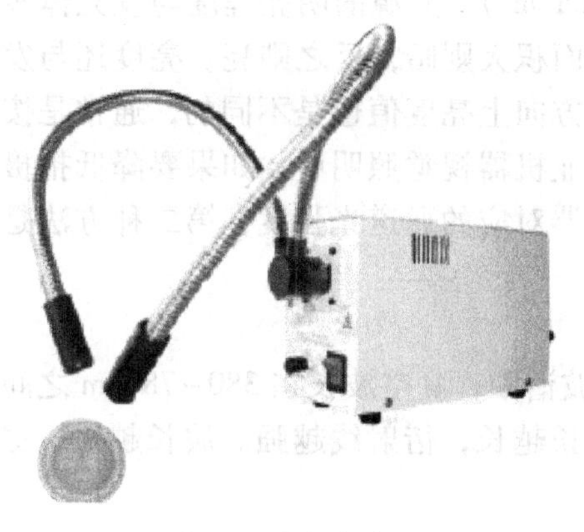

图 6-3　光纤卤素灯

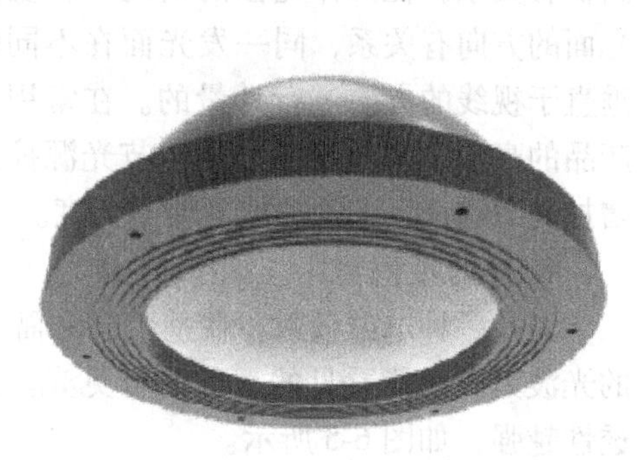

图 6-4　LED 灯

优点：耗电量低，响应速度快，安全性高，使用寿命约 30000～100000h，单元体积小，可控性高。可以使用多个 LED 达到高亮度，同时可组合不同形状，波长可以根据用途选择，是目前机器视觉里使用最最广泛的光源。

6.2 光的特性和参数

不同种类的光源发出的光有一些不同的特性，光的特点决定了在机器视觉应用采集图像时，图像呈现的不同效果。本节重点讲述光的度量及光的一些特性和参数。

光源的特性和参数主要包含：光通量、光强、亮度、光的颜色、光的温度、光的显色性和眩光。

1. 光通量

光通量是指光源在单位时间向周围空间辐射并被人眼感知的能量。光通量与波长和辐射强度有关。光通量的单位为流明，符号为 lm。光通量通常用 Φ 来表示，它是对人眼引起视觉的物理量，即单位时间内某一波段内的辐射能量与该波段的相对视见率的乘积。人眼对不同波段的光视见率不同，故不同波段的光辐射功率相等，而光通量不等。

2. 光强

光强是发光强度的简称，表示光源在单位立体角内光通量的多少。通俗地说，发光强度就是光源所发出的光的强弱程度。光强用符号 I 表示，国际单位是 Candela（坎德拉），简写 cd。

3. 亮度

亮度是指发光体（反光体）表面发光（反光）强弱的物理量。亮度用符号 L 表示，亮度的单位是坎德拉每平方米（cd/m^2）。光源的明亮程度与发光体表面积有关系，在同样光强的情况下，发光面积大则暗，反之则亮。亮度还与发光面的方向有关系，同一发光面在不同的方向上亮度值也是不同的，通常是按垂直于视线的方向进行计量的。在常用工业机器视觉照明中，如果要降低拍摄产品的亮度，第一种方法是调节光源控制器对应的通道光强度；第二种方法是增加光源与产品的距离或者调整角度。

4. 光的颜色

光是一种电磁辐射。在整个电磁辐射波谱中，真空波长在 380～780nm 之间的光波是人眼能看见的，称为可见光。波长越长，衍射线越强。波长越短，穿透性越强，如图 6-5 所示。

5. 光的温度

当某一光源所发出光的光谱分布与不反光、不透光、完全吸收光的黑体在

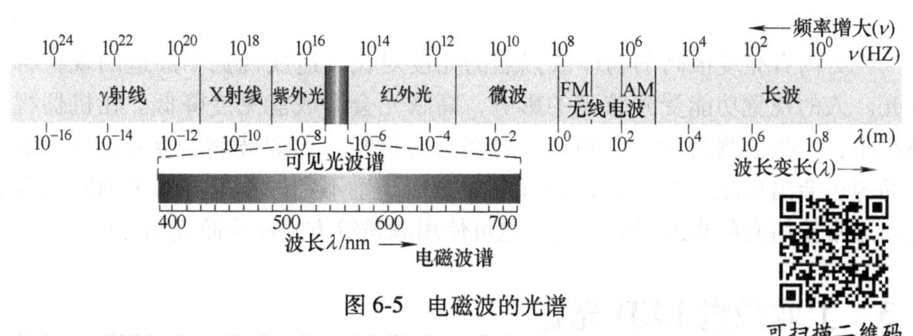

图 6-5　电磁波的光谱

可扫描二维码观看彩色图片

某一温度时辐射出的光谱分布相同时，我们就把绝对黑体的温度称为这一光源的色温。通常情况下色温高的光源颜色偏蓝，色温低的光源颜色偏红。高色温光源照射下，如亮度不高会给人一种阴冷的气氛；低色温光源照射下，亮度过高会给人一种闷热的感觉。因此，光色偏蓝的称为冷色（大于 5000K），光色偏红的称为暖色（小于 3300K），介于冷色和暖色之间的称为中间色（3300~5000K）。

在同一空间中，使用两种光色差别很大的光源会出现层次效果。光色对比大时，在获得亮度层次的同时也可获得光色层次。采用低色温光源照射，能使红色更鲜艳；采用中色温光源照射，使蓝色具有清凉感；采用高色温光源照射，使物体有冷的感觉。

6. 光的显色性

显色性 CRI（Color Render Index）是指光源对物体本身颜色呈现的程度，由显色指数 Ra 表示。Ra 值是将 DIN6169 标准中定义的 8 种测试颜色在标准光源和被测光源下做比较，色差越小被测光源颜色的显色性越好。显色性高光源对颜色表现好，其所见颜色更接近真实颜色；显色性低光源对颜色表现差，其所见颜色偏差大。值得注意的是光源色温与显色性无直接关系。常见光源色温和显色指数见表 6-1。

表 6-1　常见光源色温和显色指数

光源名称	色温/K	显色指数（0~100）
白炽灯（500W）	2800	95~100
荧光灯（日光色 40W）	6500	70~80
普通高压钠灯（400W）	2000	20~25
小功率卤素灯	3000~4200	80~90
白光 LED	3300~12000	75~83

7. 眩光

视野内有亮度极高的物体或强烈的亮度对比，造成视觉不舒适的现象称为眩光。人的视觉功能受到眩光的影响，高眩光会造成能见度降低。在机器视觉系统中，一些被测目标，特别是反射率高的材料，比如玻璃、金属、反光塑料制品等也会出现眩光的效果，会对图像处理产生不利的影响。为了消除这种影响，通常使用漫射光或者同轴光，也可使用滤镜等方式减少眩光的可能。

6.3 工业视觉 LED 光源

LED 光源由于其突出的优势，在机器视觉领域占据了非常大的市场。本节从 LED 的优势、发光原理、形状、构造、特点和应用等方面介绍市面上常见的相对标准的 LED 光源，使读者对 LED 光源有更深刻的认识，以利于后续的光源选型和打光实践。

6.3.1 LED 光源的优势

LED 的发展历史已有几十年。随着 LED 技术的迅猛发展，其发光效率逐步提高，LED 的应用将更加广泛。在工业领域，开始越来越多地使用 LED 光源。

LED 光源相较于其他类型的光源，有以下优点：

1）可制成各种形状、尺寸及各种照射角度。

2）可根据需要制成各种颜色，并可以随时调节亮度。

3）通过散热装置使散热效果更好，光亮度更稳定。

4）使用寿命长。

5）反应快捷，可在 10μs 或更短时间内达到最大亮度。

6）电源可以通过计算机控制，启动速度快，可以作为频闪灯。

7）运行成本低，寿命长，在综合成本和性能方面体现出更大优势。

8）可根据客户需要，进行特殊设计。

图 6-6 是不同光源的综合性能对比。

6.3.2 LED 光源发光原理

LED（Light Emitting Diode）即发光二极管，是一种能够将电能转化为可见光的固态半导体器件。

LED 的核心是一个半导体晶片，晶片的一端附在支架上，作为负极，另一端连接电源的正极，整个晶片用环氧树脂封装起来。半导体晶片由两部分组成：一部分是 P 型半导体，在它里面空穴占主导地位；另一部分是 N 型半导体，其中主要是电子。

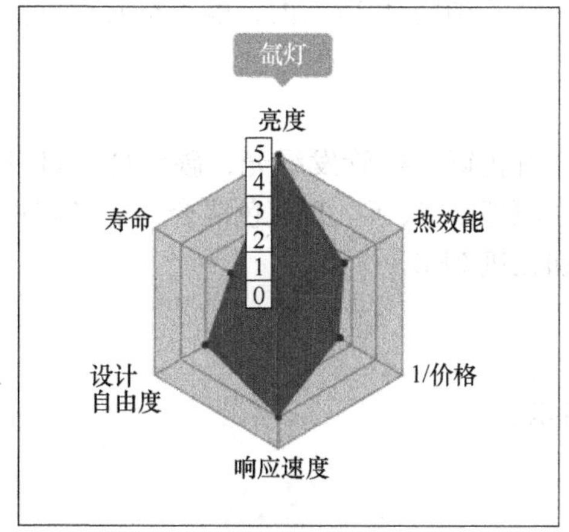

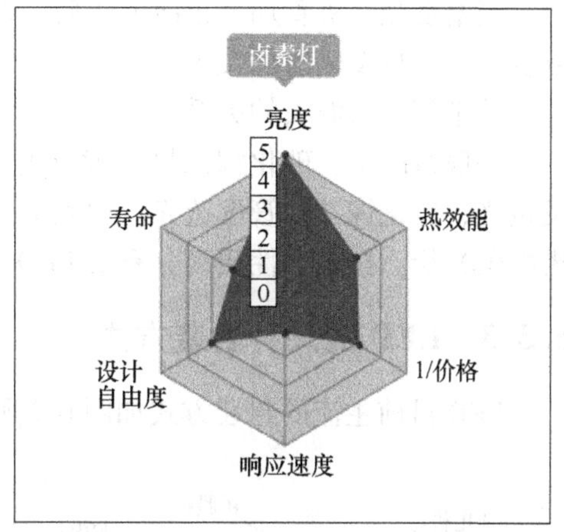

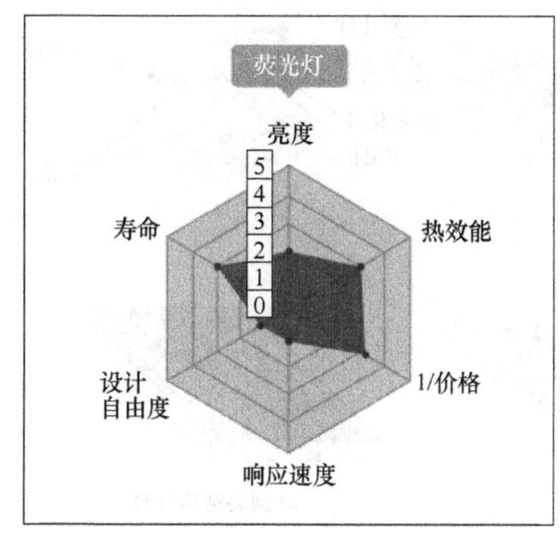

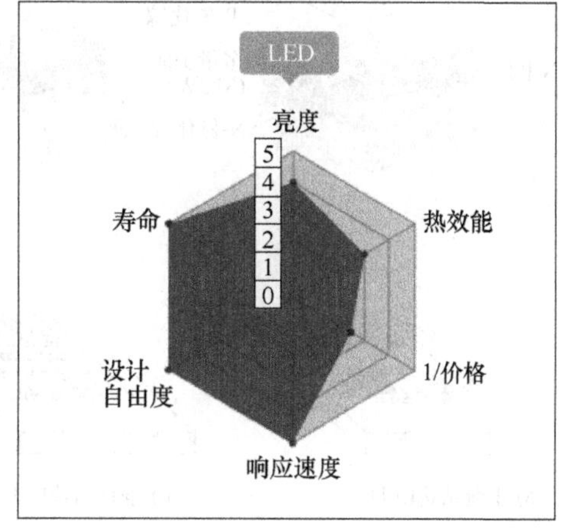

图 6-6 不同光源的综合性能对比

这两种半导体连接起来的时候，它们之间就形成一个 PN 结。当电流通过导线作用于这个晶片时，电子就会被推向 P 区，在 P 区里电子跟空穴复合，然后就会以光子的形式发出能量，这就是 LED 灯发光的原理。

LED 灯的发光过程包括三部分：正向偏压下的载流子注入、复合辐射和光能传输。微小的半导体晶片被封装在洁净的环氧树脂中，当电子经过该晶片时，带负电的电子移动到带正电的空穴区域并与之复合，电子和空穴消失的同时产生光子。电子和空穴之间的能量（带隙）越大，产生的光子的能量就越高。光子的能量反过来与光的颜色对应，可见光的频谱范围内，蓝光、紫光携带的能量最多，橘光、红光携带的能量最少。由于不同的材料具有不同的带隙，从而能够发出不同颜色的光。

LED 一般由含镓（Ga）、砷（As）、磷（P）、氮（N）等的化合物制成。

当给发光二极管加上正向电压后，在 PN 结附近数微米内，电子空穴对发生复合，产生自发辐射的荧光。

禁带宽度与波长的关系：

一般情况下，砷化镓二极管发红光，磷化镓二极管发绿光，碳化硅二极管发黄光，氮化镓二极管发蓝光。白光 LED 原理是 R、G、B 三色混合，蓝光芯片搭配荧光粉。按化学性质又分有机 LED 和无机 LED。

6.3.3 LED 的几种封装方式

LED 目前主流的封装方式如图 6-7 所示。

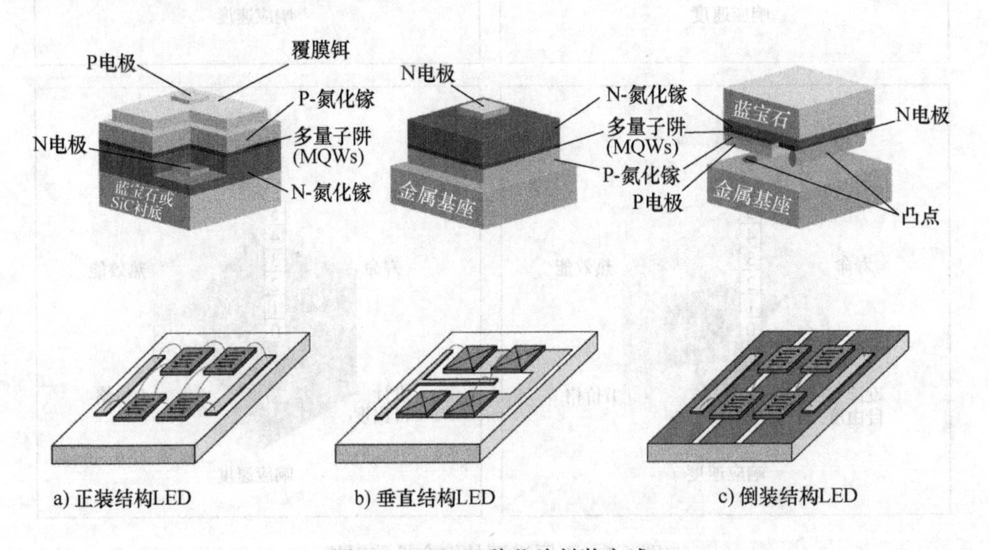

图 6-7　LED 三种芯片封装方式

在功率照明方面，目前实现大功率照明的方法有两种：一是对单颗大功率 LED 进行封装，二是采用多芯片集成封装。

集成 LED 发光面比较大，并且发光均匀，线路已经集成在 LED 内部，减少了外部线路，方便安装、更换。将小功率芯片直接封装到铝基板上，芯片面积小，散热效率高，驱动电流小，因而具有低热阻、高热导的特点。

6.3.4 LED 主流光源

LED 光源灵活多变，可以根据实际需要进行定制，原则上是一种非标定制产品。目前已经形成了通用性较强的几类光源。

1. 环形光源

环形 LED 是工业机器视觉中最常用的一种光源，其外观和结构如图 6-8 和

图 6-8　环形 LED 光源外观

可扫描二维码
观看彩色图片

图 6-9 所示。

LED 阵列呈圆锥状，以倾斜角照射在被测物体表面，通过漫反射方式照亮一小片区域。与被测目标的距离合适时，环形光源可以突出显示被测物体的边缘和高度变化，突出难以成像的部分。环形光源适用于通用外观检测、边缘检测、字符表面的刻字和损伤检测，也可以用于电子零件、塑料成型零件上的文字检查，可有效去除因小型工件表面的局部反射造成的影响。

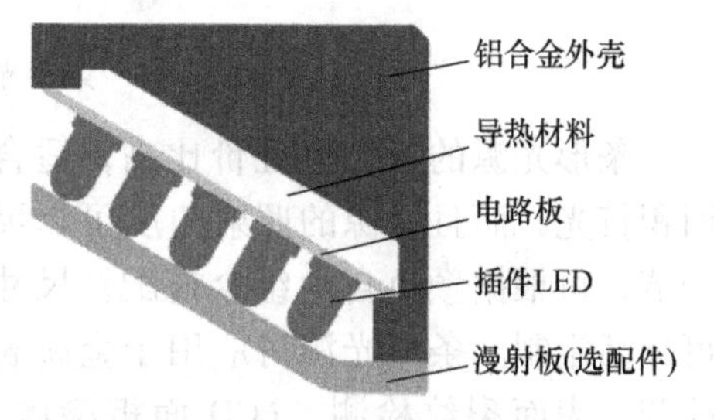

图 6-9　环形 LED 光源的内部构造

环形光源选择时，要注意以下几点：

1）环形的内径和外径大小，主要与被测目标的尺寸大小及相机的视场角有关，过大或过小可能会产生照明区域光线不均匀、视野遮挡等问题。

2）LED 的光角度：要针对被测目标物的检测位置，选择合适的光源角度。

3）是否搭配漫射板。

4）与光源控制器是否搭配。

5）是否需要光源延长线。

环形光源的应用实例如图 6-10 所示。

a) 实物图

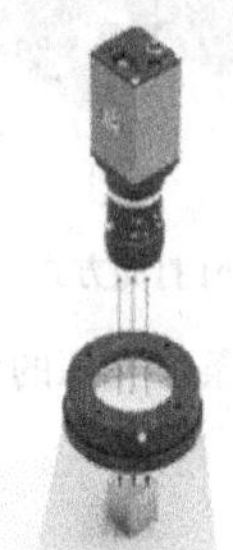

b) 打光方式

c) 效果图

图 6-10　环形光源应用实例

2. 条形光源

条形 LED 因结构简单、容易安装等优点在工业机器视觉中使用也比较多，其外观和结构如图 6-11 和图 6-12 所示。

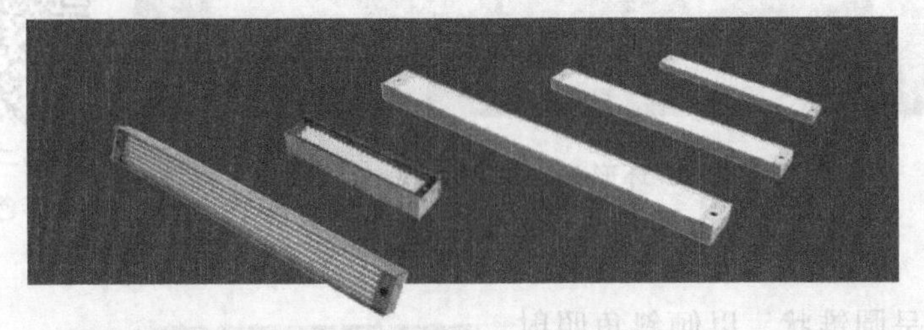

可扫描二维码
观看彩色图片

图 6-11　条形光源外形

条形光源的特点是性价比高，适合大面积打光，而且光源的照射角度可以灵活调节，可根据颜色自由组合搭配，尺寸也可灵活定制。条形光源可应用于金属表面检测、表面裂纹检测、LCD 面板检测等。选择条形光时要注意以下几点：

1）条形光的长度和宽度。

2）安装的问题：比如安装角度是否会造成机械干涉等问题。

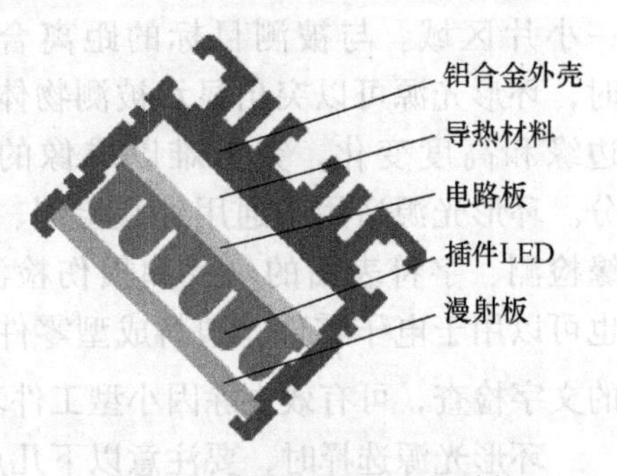

图 6-12　条形光源的内部结构

条形光源应用实例如图 6-13 所示。

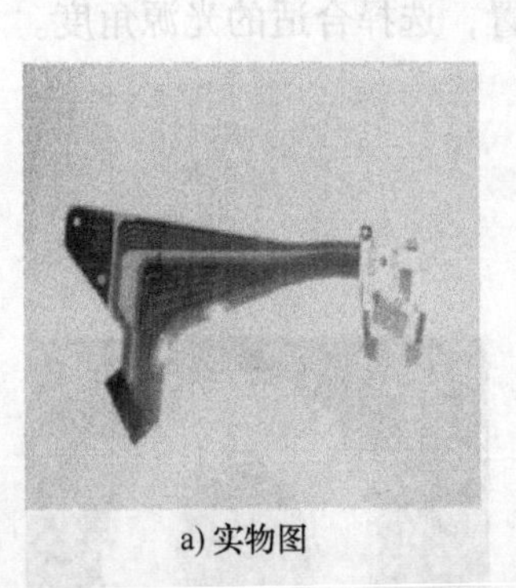

a) 实物图

b) 打光方式

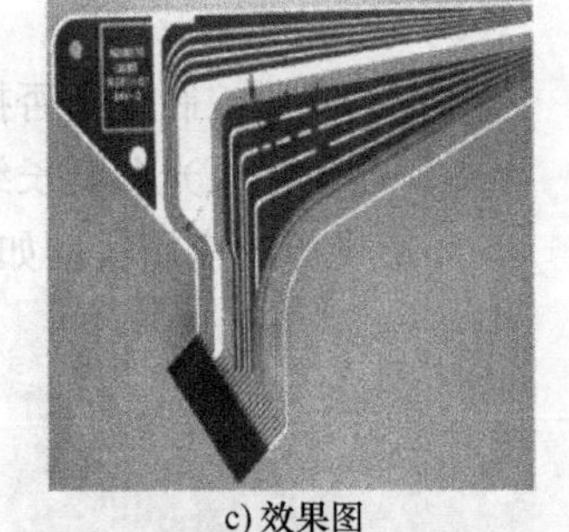

c) 效果图

图 6-13　条形光源的应用实例

3. 底部背光源

底部背光源因发光面积大、发光均匀，在很多场合都有比较好的应用效果，其外观和内部构造如图 6-14 和图 6-15 所示。

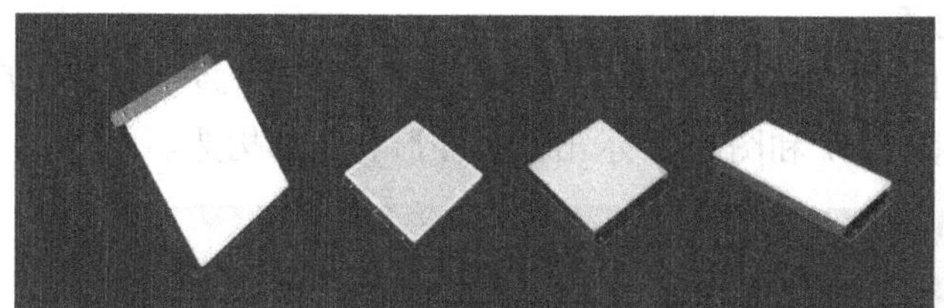

图 6-14　底部背光源外形

可扫描二维码
观看彩色图片

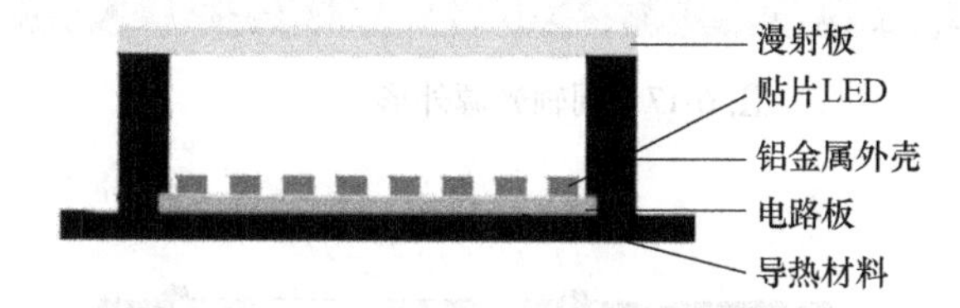

图 6-15　底部背光源内部结构图

底部背光源照明是从被检测物背面照射的照明方式，被检测物在相机与光源之间。这种照明方式与其他方式有很大不同，其显著特点是可以获得高对比度的图像。背光源可以凸显物体的形状轮廓特征，非常适合物体的形状检测和半透明物体的检测。高精度的外形尺寸测量通常也会采用这种方式的光源。底部背光源还有一个特点是它可以大面积均匀地发光。选择底部背光源要注意以下几点：

（1）光源尺寸选择　底部背光源的尺寸选择和被测物体的大小有关，还与光源、被测目标、相机的相对距离有关。不宜选择与被测物相比过大或过小的底部背光源。

（2）底部背光源选择　底部背光源有漫反射型的背光源和平行背光源，需要根据不同的项目需求来选择。

（3）安装方式　由于是从被测物底部打光，安装时需要考虑到机构干涉的问题。

图 6-16 所示为底部背光源的应用实例。

a) 实物图

b) 打光方式

c) 效果图

图 6-16　底部背光源应用实例

4. 同轴光源

同轴光源以独特的光路设计，能突出表面不平，减少反光，所以使用的场合也比较多。图 6-17 和图 6-18 示出了其外形和内部构造。

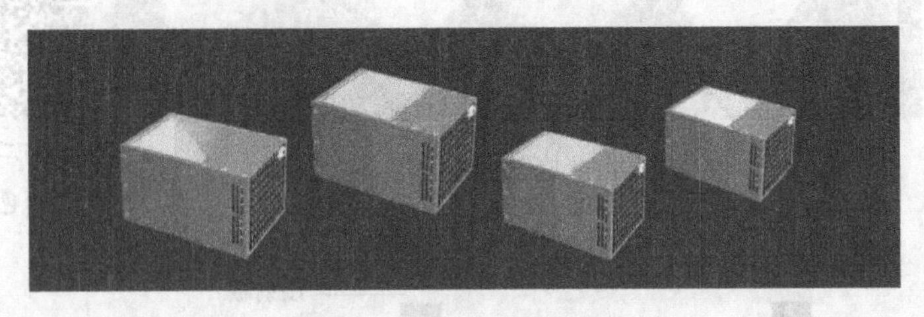

图 6-17　同轴光源外形

可扫描二维码
观看彩色图片

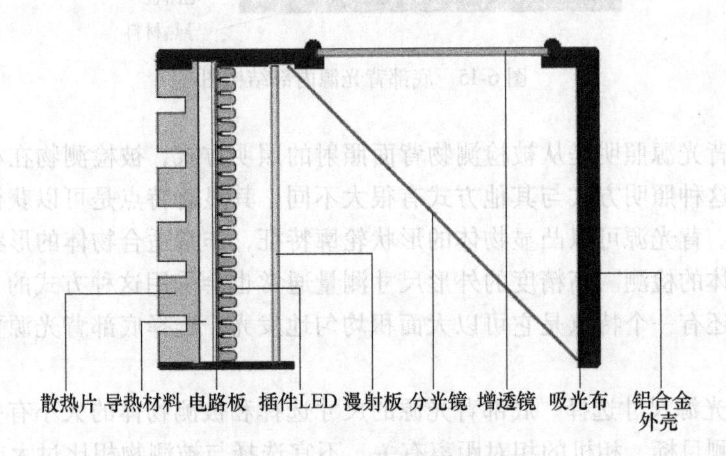

图 6-18　同轴光源的内部结构

由图 6-18 可以看出，同轴光源的 LED 灯珠在侧边，当 LED 的光到达分光镜后，分光镜将光线反射到工件上，提供了近乎垂直角度的光线。到达工件表面的光反射后通过分光镜和增透镜，再通过镜头进入相机。这种照明方式能够获得比传统光源更均匀、更明亮的照明，提高机器视觉的准确性。

同轴光源的特点是可以使成像清晰，亮度高且均匀；特殊的镀膜分光镜，减少了光的损失；能凸显物体表面的不平整，克服表面反光造成的干扰，一般用于检测物体平整光滑表面的碰伤、划伤、裂纹和异物等。

同轴光源特别适用于反射度极高的物体，比如金属、玻璃、镜片、胶片、锡箔纸等表面的划痕检测，芯片和晶片的破损检测，条码识别，激光打标字符的检测等。

选择同轴光源时要注意尺寸大小。

图 6-19 所示为同轴光源的应用实例。

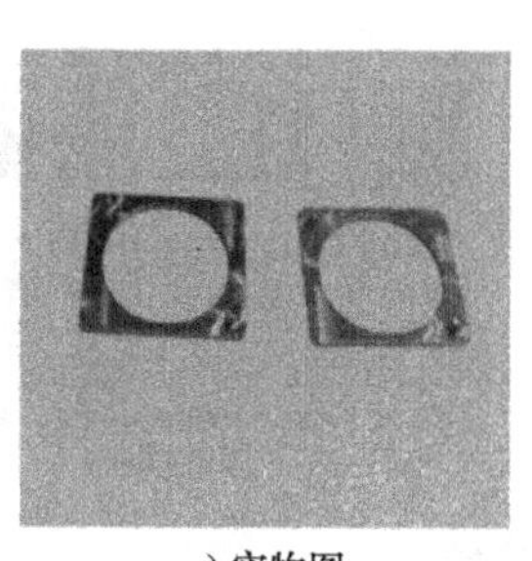

a) 实物图

b) 打光方式

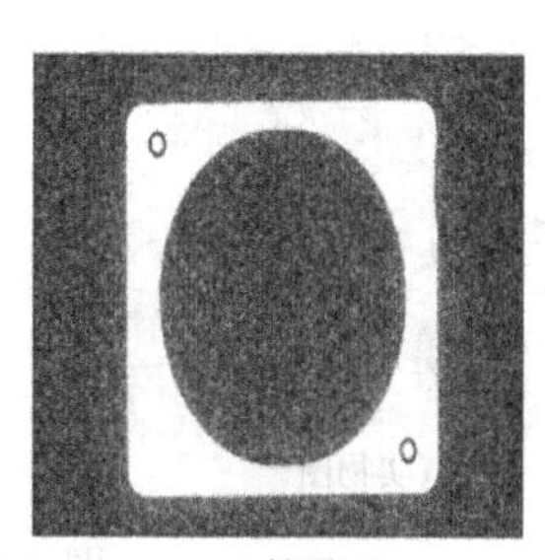
c) 效果图

图 6-19　同轴光源的应用实例

5. 高球积分光源

高球积分光源因其形状而命名。其最大的特点是发出的光是漫反射光，即其发出各个角度的光线。图 6-20 和图 6-21 示出了其外形和内部结构。

图 6-20　高球积分光源外形

可扫描二维码
观看彩色图片

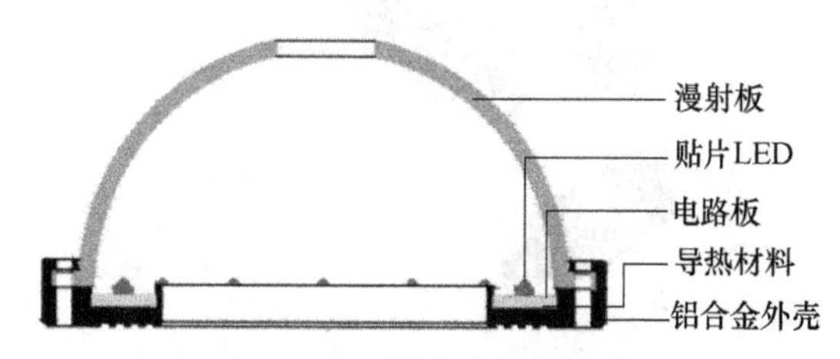

图 6-21　高球积分光源内部结构

高球积分光源有多个别称，又叫穹顶光源、圆顶光源、DOME 光源、连续漫反射光源。这种光源是将 LED 环形安装在碗状表面内且向圆顶内照射，来自环形光源的光通过高反射率的扩散圆顶进行漫反射，实现均匀照明的目的。因为“碗内”表面是特制的漫射板，可以使光源发出的光线均匀分布在整个图像上，有效地消除产品表面不平整形成的干扰。

高球积分光源适用于各种形状复杂的工件，比如曲面、凹凸表面、弧形表面，还有金属、玻璃等表面反光较强的物体表面的检测。

高球积分光源选择时主要应注意其外径的大小，还有圆顶的孔径大小。

图 6-22 所示为高球积分光源的应用实例。

a) 实物图

b) 打光方式

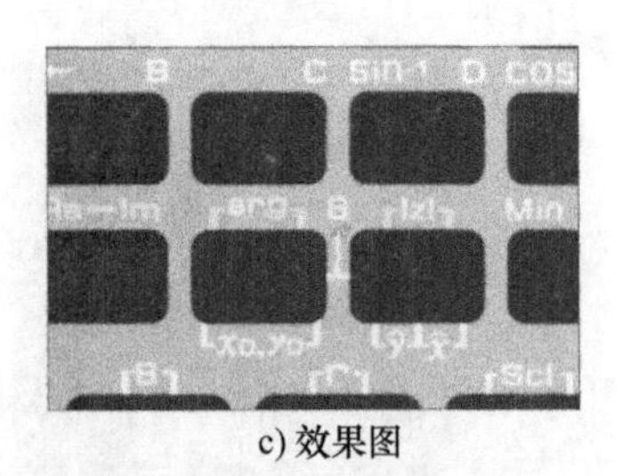

c) 效果图

图 6-22　高球积分光源的应用实例

6. 点光源

点光源的特点是功率大、体积小、发光强度高，可替代光纤卤素灯，适合配合同轴镜头使用，如图 6-23 所示。

点光源可应用于芯片检测、Mark 点定位、晶片及液晶玻璃的基底校正等场景中，图 6-24 是点光源的典型使用场景。

图 6-23　点光源

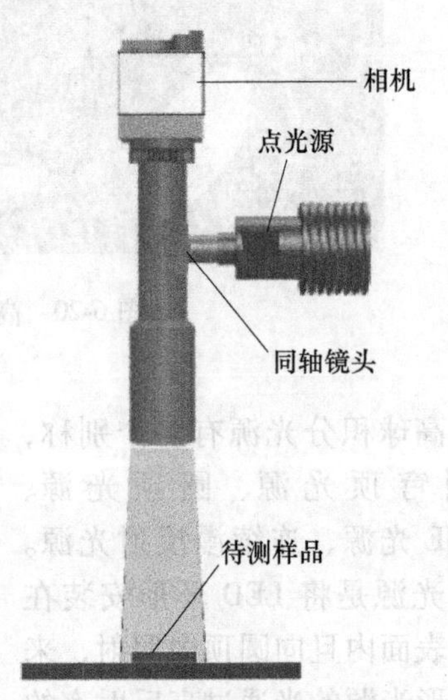

图 6-24　点光源使用场景

7. 红外光源

红外光是不可见光，在工业 LED 光源中，一般有 850nm 和 940nm 两种波段的红外光源。红外光具有较强的穿透性，在医学领域，可用于血管网识别、眼球定位等；在包装行业，红外光源可以解决普通光源无法消除掉塑料包装光线干扰的问题，用于产品检测；另外，红外光源在服饰、纺织、电子、半导体、制药、LCD、OLED 等不同的行业中都有广泛的应用。

红外光源可以有不同的外形或组合。如图 6-25 所示。应根据不同产品的大小、表面特性等来选择合适的红外光源。

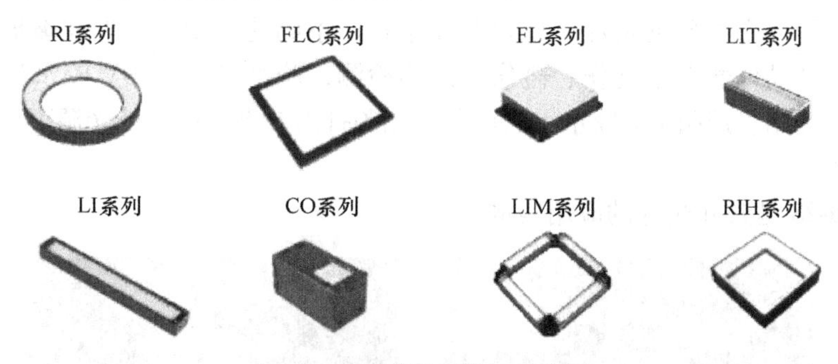

图 6-25　不同类型的红外光源

图 6-26 所示为红外光源的应用实例。

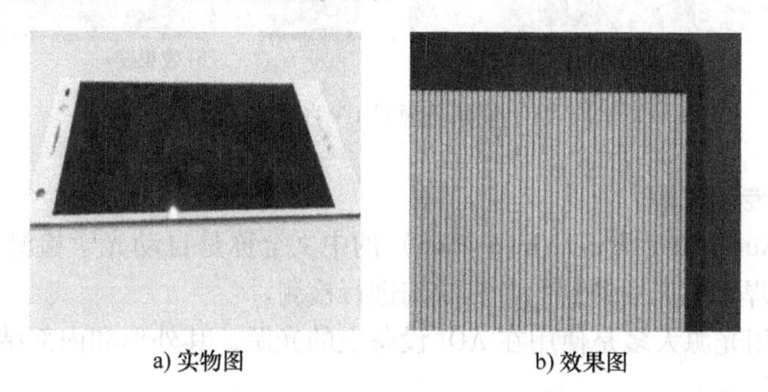

a) 实物图　　b) 效果图

图 6-26　红外光源的应用实例

8. 紫外光源

同红外光源一样，紫外光也是不可见光。在工业 LED 光源中，一般提供 365nm 和 385nm 两种波段的紫外光源，可以有不同的外形或组合，如图 6-27 所示。可根据不同产品的大小、表面特性等来选择合适的紫外光源。

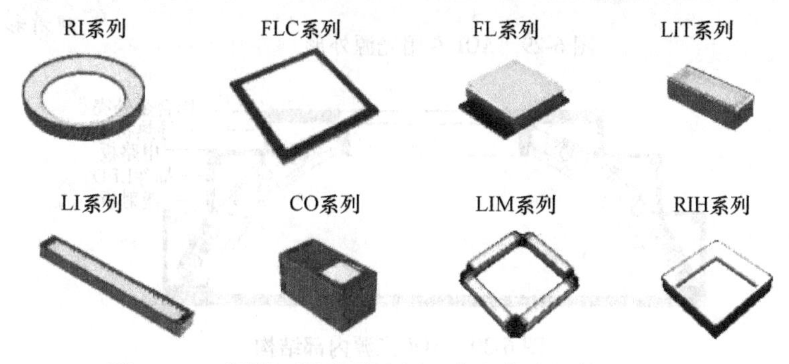

图 6-27　不同类型的紫外光源（与红外光源外形相同）

紫外光源在印钞或票印行业应用较多，因为其对荧光物质照射的特殊效果，可用来进行荧光物质的检测，以及荧光字符、条码的识别。另外在玻璃微小缺陷检测，产品外壳微小划伤、碰伤等缺陷检测，胶水（比如 UV 胶水）检测等方面都有应用。透明 UV 胶水无法用普通光源打出效果，用紫外光源可以打出很好的效果。

图 6-28 是紫外光源的应用实例。

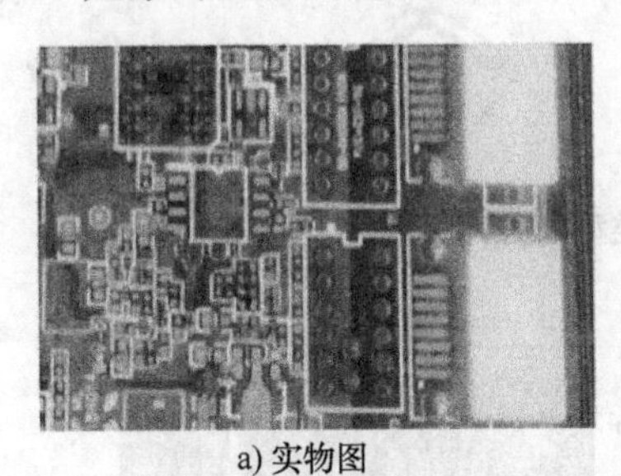

a) 实物图

b) 效果图

图 6-28　紫外光源对 UV 胶的检测实例

9. AOI 专用光源

AOI（Automated Optical Inspection）的中文全称是自动光学检测，是基于光学原理来对焊接生产中遇到的常见缺陷进行检测。

AOI 专用光源大多是使用在 AOI 设备上的光源，其外形和内部结构如图6-29和图 6-30 所示。

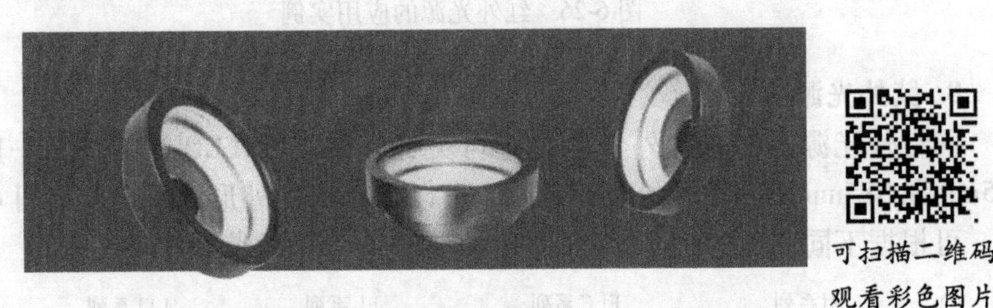

可扫描二维码观看彩色图片

图 6-29　AOI 专用光源外形

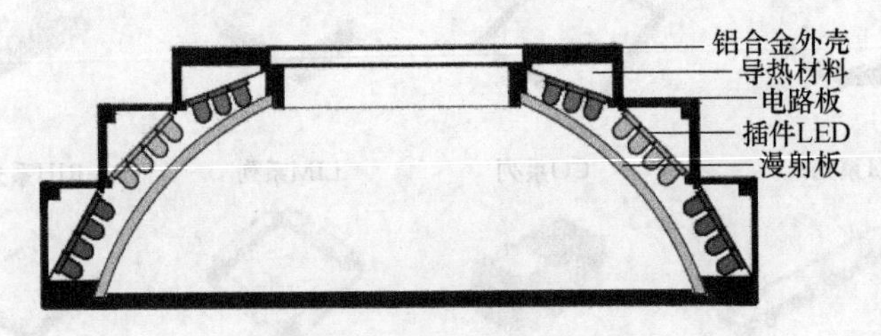

图 6-30　AOI 光源内部结构

AOI 光源其实相当于多个不同尺寸、不同颜色的环形光源的组合。由图6-30可以看到，它是采用 RGB 三种颜色进行多角度的设计，然后使用特制的漫射板提升光源的均匀性。通过多色多角度照射，能准确反映物体表面的坡度信息。

AOI 光源一般用于焊锡检测及多层次物体的检测。

图 6-31 是其应用实例。

a) 实物图

b) 打光方式

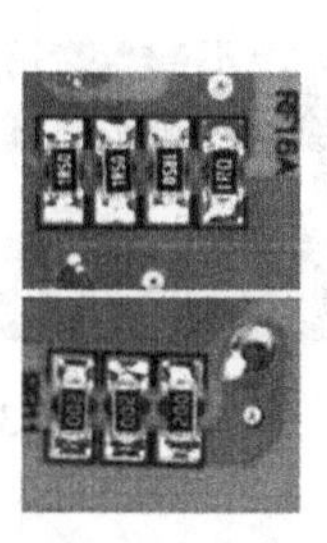

c) 普通光源效果图

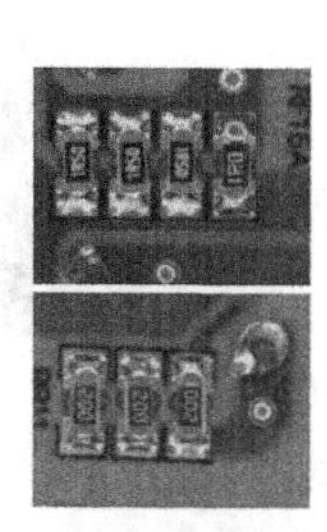

d) AOI光源效果图

图 6-31　AOI 光源用于焊锡的检测

可扫描二维码观看彩色图片

6.3.5　LED 非标光源

在工业机器视觉系统中，因为项目的需求各不相同，标准光源并不能适用于所有的项目，有时需要去定制光源，这类光源称为非标光源。下面根据不同的项目特点，介绍一部分非标光源，供大家在光源选型时参考。

1. 非标冷气光源

该光源外观和结构如图 6-32 和图 6-33 所示。

图 6-32　非标冷气光源

特点：非标冷气光源通过聚光透镜设计，可达到很好的光斑效果。采用气冷的方式散热，散热效率高且不会引起气流变化。

应用：非标冷气光源的特点使其适用于无尘环境和对气流气压有特殊要求的环境，可以用于手机屏幕玻璃表面缺陷检测，以及铝箔或钢板表面检测。

图 6-34 所示为非标冷气光源的应用实例。

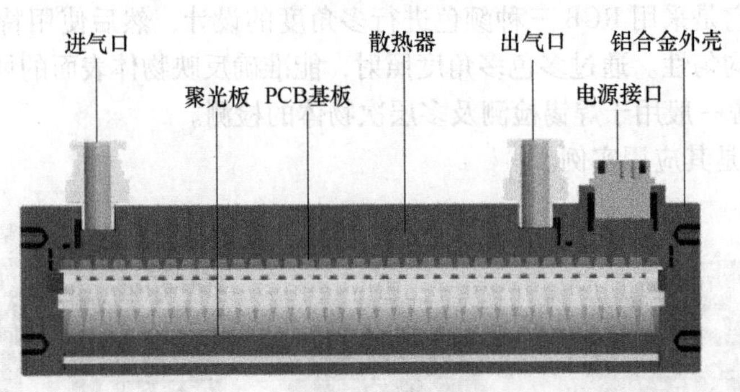

图 6-33　非标冷气光源剖面结构图

a) 元器件引脚定位　b) 条码识别　c) 铝盖表面脏污检测

图 6-34　非标冷气光源应用实例

2. 对位专用光源

该光源外观如图 6-35 所示。

图 6-35　对位专用光源

特点：这种非标光源的体积小、集成度高、亮度高，还可以选配辅助环形光源，视场大，响应快，对位精度高。

应用：适用于全自动电路板印刷机的对位。

3. 大功率背光源

该光源外观如图 6-36 所示。

特点：采用超大功率 LED 高密度分布排列，采用特制透镜，亮度超过普通

图 6-36　大功率背光源

光源三倍以上，专用于频闪应用。

应用：适用于产品轮廓定位、尺寸测量、物体缺陷检测等高速在线检测。

4. 三色半环形光源

该光源外观如图 6-37 所示。

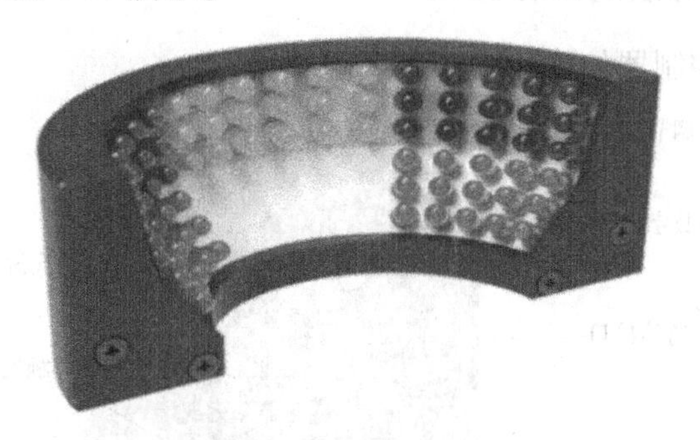

可扫描二维码
观看彩色图片

图 6-37　三色半环形光源

特点：该光源采用半环形设计，多颜色插件 LED 分布排列，使用时每个通道可单独控制，光源大小可根据实际情况定制。

应用：适用于电子元器件轮廓定位、金属件尺寸测量、表面缺陷检测等。

图 6-38　同轴光与环形光组合光源

5. 同轴光与环形光组合光源

该光源外观如图 6-38 所示。

特点：同轴光源与环形光源组合。

应用：高速在线检测，能实现两种照明方式同时工作，从而在成像效果上能更好地体现被测工件特征。

光源的种类繁多，以上的种类只是以点代面。在实际使用中，尤其是新的应用场景如果标准的光源类型不足以满足工艺要求，可以选择不同类型的光源搭配使用，或者定制开发非标准类光源。LED 体积和控制的灵活性决定了其在工业光源领域有着更广阔的应用空间。

6.4 光源控制器

光源控制器是控制 LED 光源开关和亮度的电路装置，其主要功能是实现光源启停和亮度的控制，一般还包含数字显示、通信、I/O 触发和多通道控制等功能。大部分厂家的控制器功能相差不多，但外形和部分设置可能稍有差别。本节以国内的奥普特光源控制器为例，介绍光源控制器的原理、选型及使用方法。

6.4.1 光源控制器的工作原理

典型的光源控制器如图 6-39 所示（奥普特）。

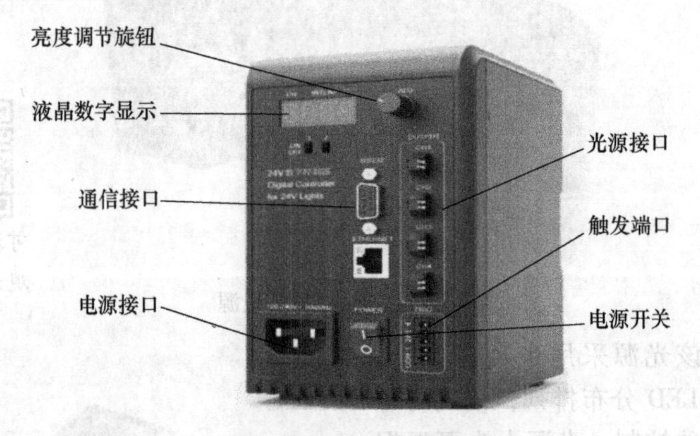

图 6-39　光源控制器

光源控制器最主要的目的是给光源供电，控制光源的亮度及照明状态（亮，灭），还可以通过触发信号来实现光源的频闪，进而有效延长光源的寿命。光源控制器分为模拟控制器和数字控制器两大类。数字控制器可以通过 PC 设备远程控制（RS232 或以太网接口），工作人员可以根据不同的生产实际情况选择不同类型的控制器。

简单来说，光源控制器的主要功能是接收 PC 主机发来的预先定义好的各种命令和设置参数，经过主控制器处理，然后通过驱动电路控制 LED 光源按照设定实现数字 PWM 调光，过程如图 6-40 所示。

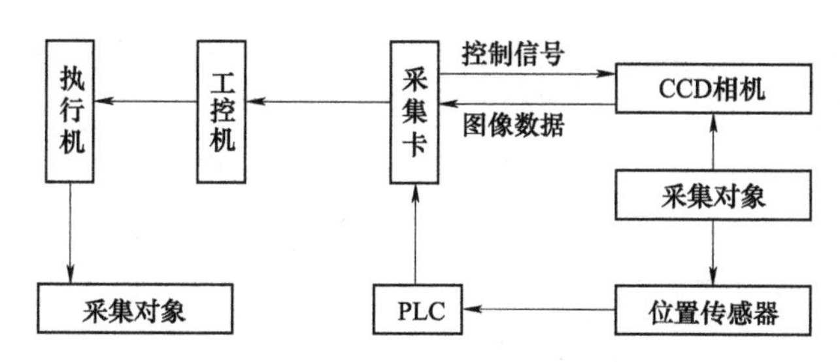

图6-40 视觉系统中各部分的交互

视觉光源控制器按照体系架构可以划分为软件部分和硬件部分。其中软件部分又可以分为PC端用户界面应用程序、USB驱动程序和控制器硬件固件。硬件部分可以分为主控模块和LED驱动模块。主控模块主要负责完成与PC的通信、命令响应，以及事务管理，它是整个控制器的核心部分。LED驱动模块主要为LED光源提供合适的驱动方式。LED光源常用的驱动方式有电感式驱动和电荷泵式驱动，其中电感式驱动电路适合驱动若干个串联的LED。

6.4.2 光源控制器的选型和使用

光源控制器的类型应根据不同的实际情况进行选择，主要考虑以下几点：

1）如根据输出电压要求可选5V、12V、24V和28V（增亮）。不同的光源其工作电压和功率一般也不同，要选择匹配光源标准电压的光源控制器。

2）根据控制方式可选手动、软件兼手动。如果需要软件控制，则需要知道所选的光源控制器是否有这一功能。

3）根据输出通道要求选一路、二路、三路和四路，一般一路通道可控制一个光源。一个控制器最多需要同时控制多少个光源是我们选型时需要考虑到的。

4）通信方式的选择应根据项目需求，可选串口、网线等方式进行通信或控制。

5）不同厂家光源控制器的通信规则、厂家提供的软件是否齐全、是否易用都需要了解。

控制软件更容易将整个控制系统连为一体，所以目前各控制器厂家通常都会开发自己的控制软件，并封装成独立的DLL文件，方便工程师进行系统集成时调用。以奥普特的光源控制软件为例，可以独立使用，也可以通过SDK程序接口在用户程序中自由地控制光源。

奥普特开发的光源控制器运行界面如图6-41所示。可以看到，其功能主要是控制各个通道光源的开和关，调整光的亮度，以及与上位机进行通信。

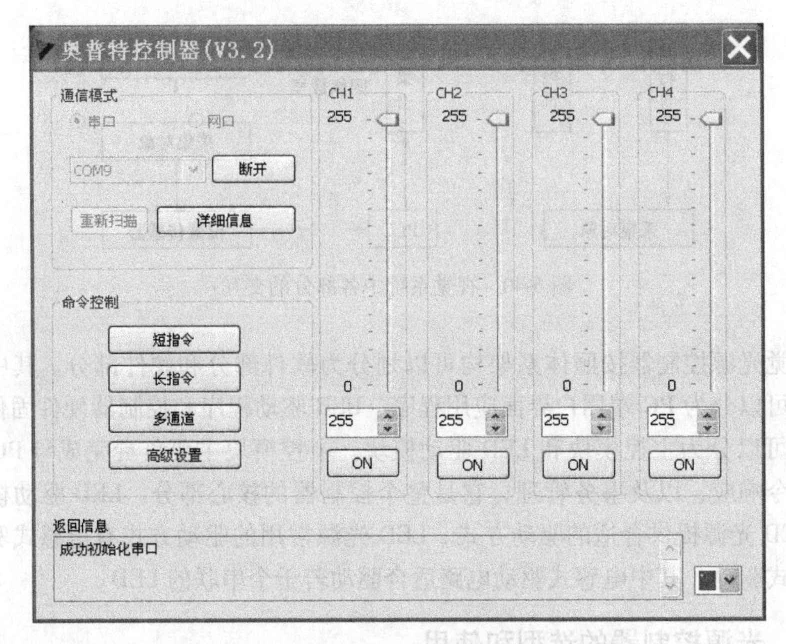

图 6-41　奥普特光源控制器演示运行界面

6.5　配光的艺术

工业机器视觉应用中，由于不同项目的需求不同，光源的选型和光源的打光方式也各不相同。用户无法使用一种光源或一种打光方式满足所有的应用场合。在实际项目中，需要先根据光源的选型原则，选择理论上合适的光源，然后去动手安装、打光和调试，最终确定合适的打光方案。这个过程也是在构建工业机器视觉硬件系统时比较有挑战性的一步，需要不断尝试和验证，业内称之为“配光的艺术”。

6.5.1　常见的几种打光方式

在配光过程中，不同的光源、不同的照射角度、不同的亮度设置、不同的颜色等都会影响最终的成像效果。这是一个受外界因素影响比较大的过程，确切地说并无标准的方法可以遵循，相同的配光方案换一个使用车间都有可能产生不一样的效果。本节归纳整理几种常见的打光方式和思路，力求为读者提供一些基本使用规则。

光源根据出射的方式有两种类型：

(1) 直射光源　光源发出的光线沿着固定的角度，直线照射到物体表面。

直射有时可能产生极强的眩光，在大多数情况应避免镜面反射。

（2）漫射光源　漫射光源发出的光在平面内各个方向和角度都存在，它不会产生明显的阴影。

1. 直射光源的应用

直射光源按照出射的角度，有高角度和低角度两种。低角度和高角度一般以入射光相对于物体表面的角度来区分，小于 45°是低角度照射，大于 45°是高角度照射。

比较典型的高角度光源是同轴光源（见图 6-42）。同轴光的形成是通过垂直墙壁出来的光，照射到一个使光向下的分光镜上，分光镜反射的光垂直照射到被测物体上后，光会垂直反射穿过分光镜进入镜头，最终在相机里成像。这种类型的光源对检测高反射的物体特别有帮助，可以消除物体表面不平整引起的阴影，从而减小干扰。

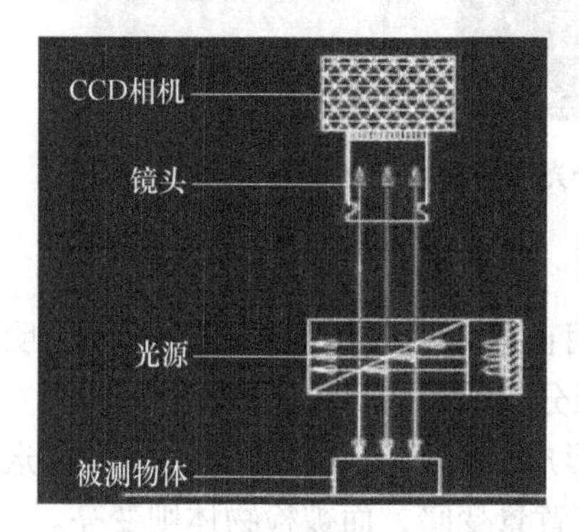

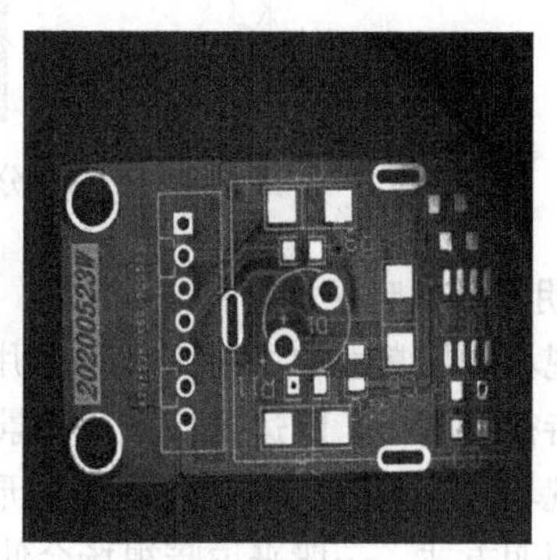

图 6-42　同轴光照明和成像效果

低角度光源从侧面比较低的角度打光时，物体表面凸出位置的大部分光会被反射到相机视野外的区域，形成图像比较“暗”的区域。而凹下去的大部分光会被反射到镜头里并进入相机成像，形成比较“亮”的区域，如图 6-43 所示。

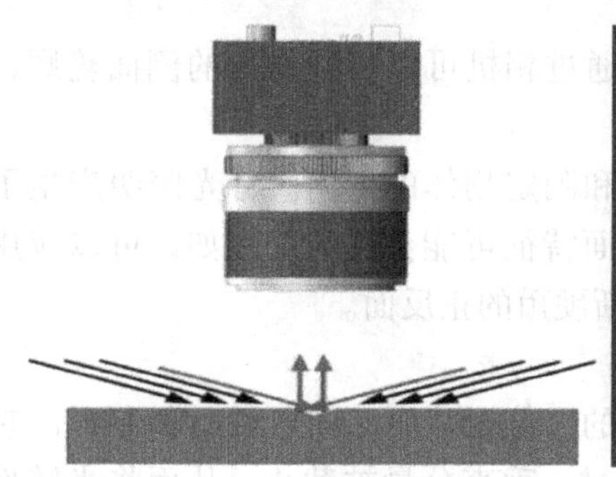

图 6-43　低角度光源照明和成像效果

2. 漫射光源的应用

漫反射是照射到物体上的光从各个方向漫散出去。在大多数实际情况下，漫散光在某个角度范围内形成，并取决于入射光的角度。连续漫反射照明应用于物体表面有反射性或者表面有复杂角度的情况。连续漫反射照明应用半球形的均匀照明，以减小影子及镜面反射。这种照明方式对于组装完成的电路板照明非常有用，可以实现170°立体角范围的均匀照明。常见的漫反射光源是高球积分光源，也称为碗光。图 6-44 是该场景典型应用效果。

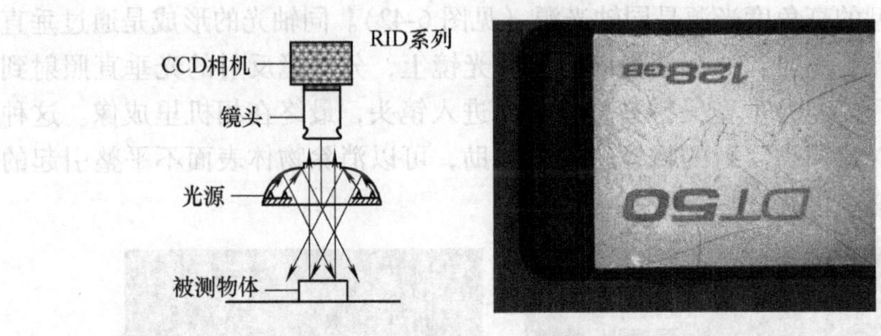

图 6-44　高球积分光源漫反射打光效果

3. 明视场和暗视场

明视场是最常用的照明方案，采用正面直射光照射形成，一般用明视场将背景和特征点打亮，以达到特征和背景分离的目的。

暗视场主要由低角度或背光照明形成。对于不同项目检测需求，选择不同类型的照明方式，一般来说暗视场会使背景变暗，而被检物体则变亮。

使用工业相机拍摄镜子使其在视野内，如果在视野内能看见光源就是明场照明，否则就是暗场照明。因此，光源是明场照明还是暗场照明与光源的位置有关，效果差异如图 6-45 所示。典型的暗场照明多用于对表面部分有凸起或表面纹理有变化情况的照明。

4. 背光照明

背光照明即光从物体背面射出，通过相机可以看到物体的侧面轮廓，如图 6-46 所示。

背光照明常用于测量物体的尺寸和测定物体的方向。背光照明产生了很强的对比度。应用背光技术时，物体表面特征可能会丢失。例如，可以应用背光技术测量硬币的直径，但是却无法判断硬币的正反面。

5. 偏振片的使用

消除眩光一般是通过偏振片实现的。偏振片由二向色性材料制成。它只允许振动方向平行于其允许方向的光通过，垂直分量被截止，从而将光转换为偏振光。图 6-47 是使用偏振光前后的效果。

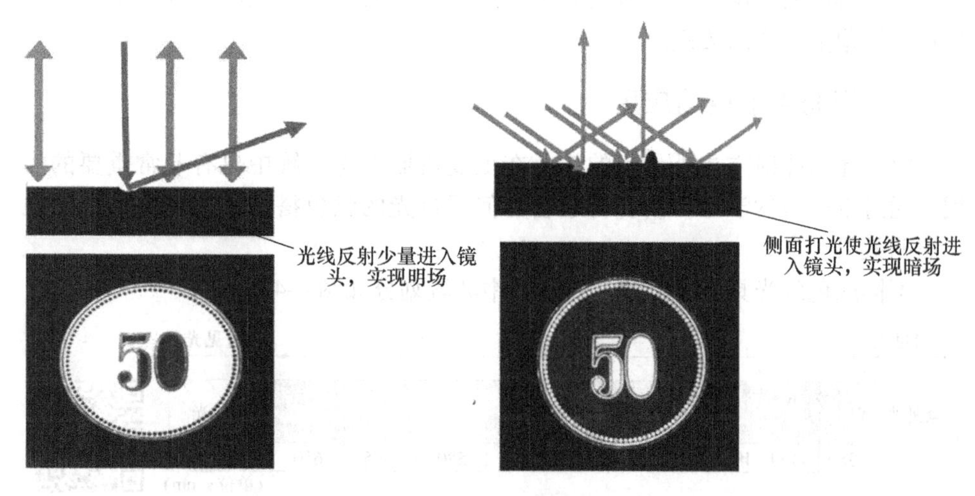

图 6-45　明暗场效果对比

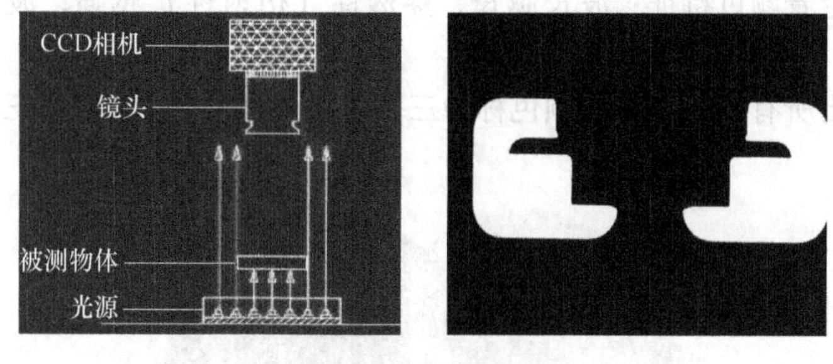

图 6-46　背光照明

图 6-47　偏振片使用效果

可扫描二维码
观看彩色图片

针对具体的应用，从众多的方案中选择一个最合适的照明系统是整个图像处理系统稳定工作的关键。

6.5.2 配光中颜色的应用

除了光的照射方式外，光的颜色在工业机器视觉系统中也有非常重要的作用。通过本小节的学习，读者将学会如何通过光的颜色搭配实现更好的机器视觉照明效果。

不同颜色的光具有不同的波长，其中波段划分如图 6-48 所示。

可扫描二维码观看彩色图片

图 6-48　可见光的色谱图

波长决定着颜色特征：波长越长，穿透性（衍射性）越强；波长越短，散射性越强。

能匹配出所有颜色的三种颜色称为三基色（见图 6-49），也称三原色，即红绿蓝。

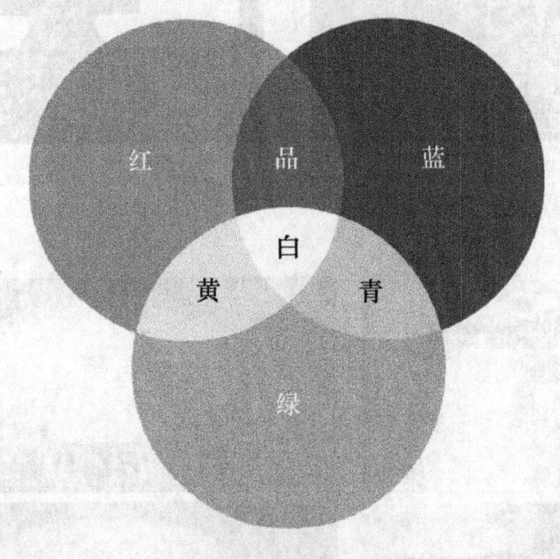

可扫描二维码观看彩色图片

图 6-49　三基色

色环中颜色比较近的称为相近色或相邻色，色环中关于中心对称的颜色称为互补色，离得比较远的颜色称为对比色，具体如图 6-50 所示。

在打光过程中，有一个非常重要的规律：

打物体颜色的相近色，使物体变亮；打物体颜色的互补色，使物体变暗。

这个规律非常重要，它可以帮我们解决许多机器视觉照明中的问题。通常

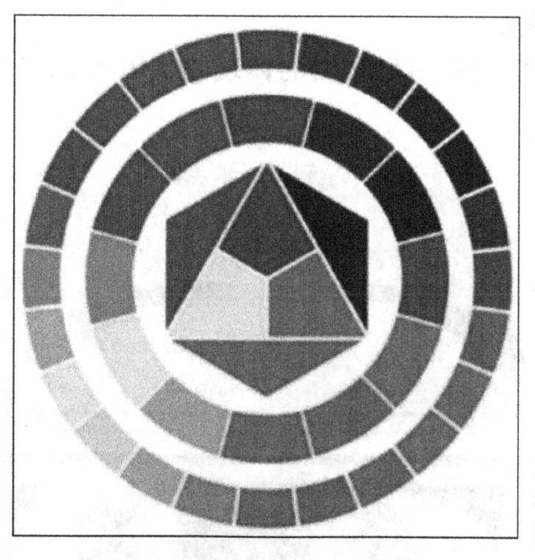

可扫描二维码
观看彩色图片

图 6-50　色环

所说的颜色过滤与加强就是利用这个规律。例如，可实现易拉罐上中奖信息字符的过滤，如图 6-51 所示。

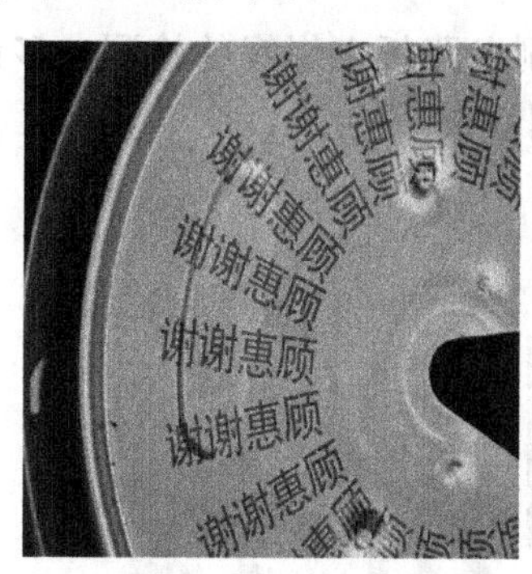

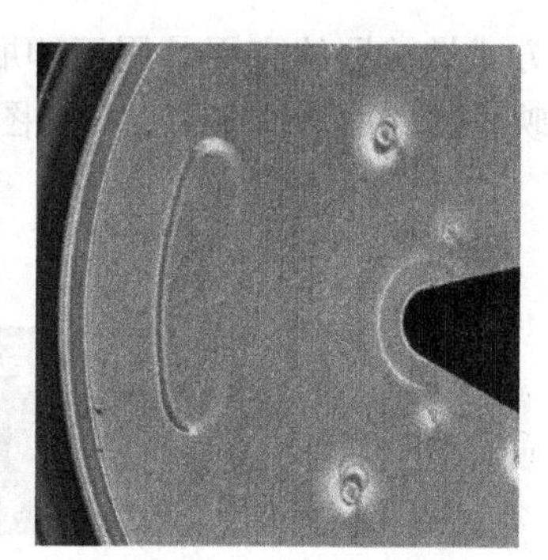

图 6-51　字符过滤

易拉罐上印有红色的“谢谢惠顾”字符，现在想让这些字符在图像里“消失”，可以使用红色的光源来照明。原理是，易拉罐表面是反光的，所以背景在黑白相机里就是亮的部分，用红光照射时，因为字符也是红色的，使用相近或相同的颜色，所以会打亮字符，这样在黑白相机里字符看起来就像消失了。

6.5.3　其他配光结构的应用

在之前章节中了解到，不同角度的光可能会对同一被测物体的成像有很大的影响，同时不同颜色的光的运用也会带来不同的成像效果。本小节介绍几种组合打光方式：

1. 多色多角度照射

这种方式的视觉照明应用最直接的体现是 AOI 专用光源，其工作的光路如图 6-52 所示。

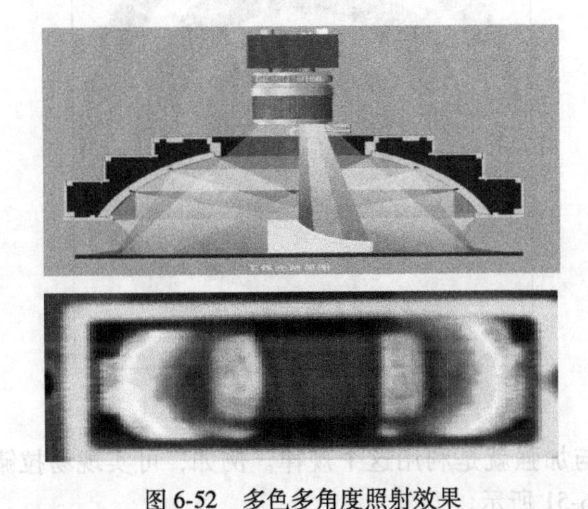

可扫描二维码
观看彩色图片

图 6-52　多色多角度照射效果

该打光方式最常见的应用是用于印刷电路板上焊锡的检测。多色多角度照射能准确反映物体表面的坡度信息，如图 6-53 所示。

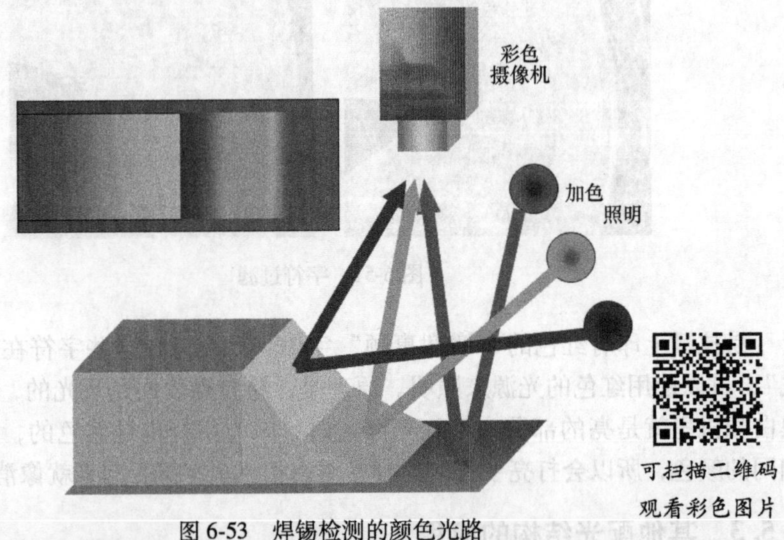

可扫描二维码
观看彩色图片

图 6-53　焊锡检测的颜色光路

图 6-53 所示光路的原理是，由于红绿蓝三种颜色的光角度各不相同，当三种颜色的光照射到锡焊的坡面时，不同坡度位置反射进相机的光颜色是不一样的。这样最终成像时，焊锡引脚处的坡度由高到低分别是蓝色、绿色和红色，可以使用二维的彩色图像体现出三维的立体信息。

2. 多通道光源

有时单一的光源无法满足同一产品不同特征的照明需求，这时候我们可以考虑使用多通道光源。多通道光源其实就是多个单独控制的光源，例如：可以使用多个小的条形光源组合成各种形状。这种组合的好处是可以独立地控制每一个光源，包括开关和亮度，通过这种组合往往能达到预期的照明效果，如图 6-54 所示。

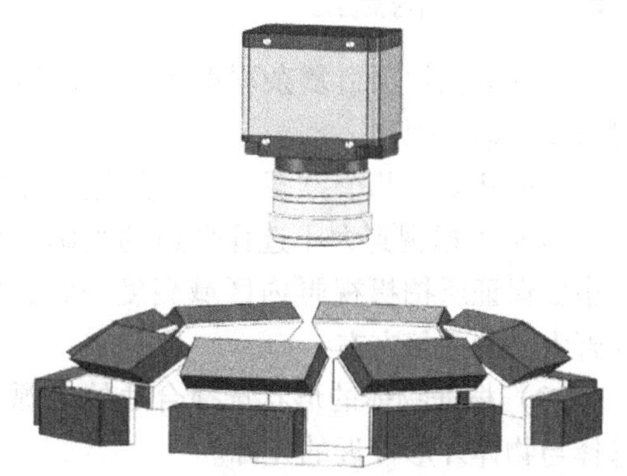

图 6-54　多通道光源

当然，除了上面这种组合光源方式外，还可以使用不同类型的光源进行组合，比如同轴光和环形光的组合。当某个单一的照明单元无法满足项目需求时，多通道光源也许是一个可行的方案。

3. 棱镜

在某些场景中，由于视野不够，相机无法取像或者目标不在同一平面时，可以运用光的折射规律，选择使用棱镜，这样就可以达到如图 6-55 所示的效果，将之前在视野外的图像呈现在图片中。

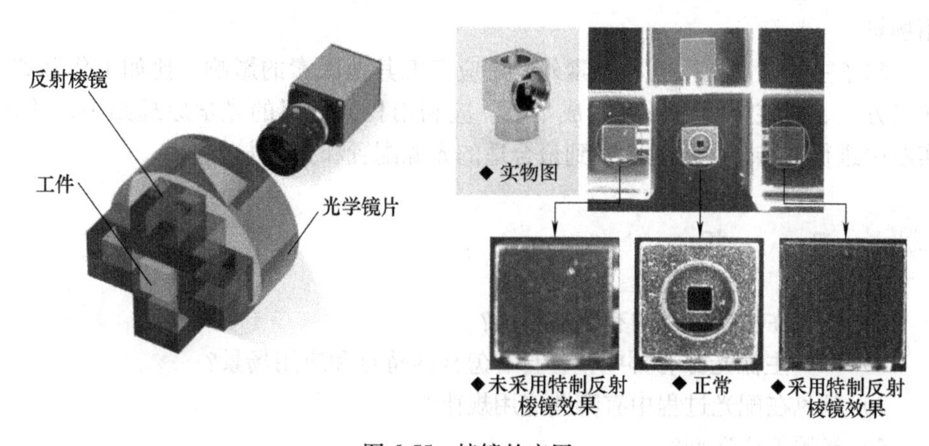

图 6-55　棱镜的应用

打光的过程之所以被称为一门艺术，可见其复杂性，也恰恰是其奇妙之处。我们无法用标准的公式计算出精确的数字，但却可以通过天马行空的组合方式达到预期效果。本章节提炼的是常见的打光思路，仅抛砖引玉，在实际项目中读者可不断做出探索和尝试，从而提炼出更加合理的打光方式。

6.5.4 光源的选型

不同的视觉项目复杂程度不同，使用环境也不同，这些差异都是选择光源时需要考虑的因素。

一般从以下几个方面去选择合适的光源：

（1）根据视野大小选择合适的光源　视野通常要比被测物稍大，所选光源大小要保证所拍摄视野内区域亮度一致、均匀。打光时，原理上光源的大小是视野大小的两倍左右。

（2）根据物体的形状选择合适的光源　为了光照区域面积的有效性，通常选择与物体外形接近的光源。

（3）根据所检测物体的颜色选择光源　打物体颜色的相近色，使物体变亮。打物体颜色的互补色，使物体变暗。在选择光源时需要根据被测目标的特征和背景的颜色差异，增强或过滤这种颜色效果，以达到增加对比度的目的。

（4）根据光照角度选择合适的光源　如果选择一个错误角度的光源，哪怕光源再亮，反射的光线也无法进入镜头应根据被测目标物的表面反光特性，选择合适的光照角度。

光源选型过程是一个既简单又复杂的过程。简单在于不需要通过太多的计算就可以选出大概合适的光源；复杂在于选出的每一种光源都无法完全适合应用场景。

除了主要考虑上面几种因素外，还应考虑其他因素的影响，比如工作距离、照射方式、安装空间以及客户成本等。应利用我们学习的光学原理知识，并在实践中进行总结，多思考，找到最合适的光源配置和打光方案。

习　题

1）光源在机器视觉中有哪些作用？

2）LED 主流光源有哪些？各自有怎样的特点和应用场景？

3）颜色在配光过程中有哪些应用规律？

4）光源怎样选型？

第7章 工业读码器

07

本章内容提要

1. 读码器的应用场景
2. 码制的基础知识
3. 读码器的应用原理
4. 典型工业读码器

工业读码器，又称工业扫码器、图像式条码阅读器等，是一种高性能的条码扫描设备，广泛应用于物流、医疗等领域。本章主要读码器的应用场景、条码的基础知识，并对常用的读码器进行介绍。

7.1 读码器的综合应用

读码器最早应用于民用领域，比如超市、医疗系统、在线支付场景等。随着工业领域智能制造技术的发展，数字化需求增加，对产品信息追踪的需求日益强烈。在此背景下，读码器逐渐进入工业应用场景。

7.1.1 读码器的应用背景

读码器是伴随着条码的出现而发明的，最早出现在20世纪40年代，实际开始应用和发展是在20世纪70年代左右。现在，各个领域都已经普遍使用条码技术。从20世纪80年代开始，我国一些高等院校、科研部门及一些物资管理部门和外贸部门开始使用条码和读码技术。目前，条码和读码技术已广泛应用于各个领域。我国拥有全世界最大、最全的物流体系，每天的包裹数以亿计。如此庞大且高效的物流体系，离不开其中非常关键的一个环节，那就是条码和读码技术的使用。

在大规模生产过程中，产品的标识和跟踪必不可少，条码和读码技术的应用成为现代制造业供应链和生产控制管理过程中不可或缺的手段。特别是随着近年来制造业自动化和智能化的发展，一维条码和激光读码器已经广泛应用于工业生产领域。工业读码器的外形如图 7-1 所示。

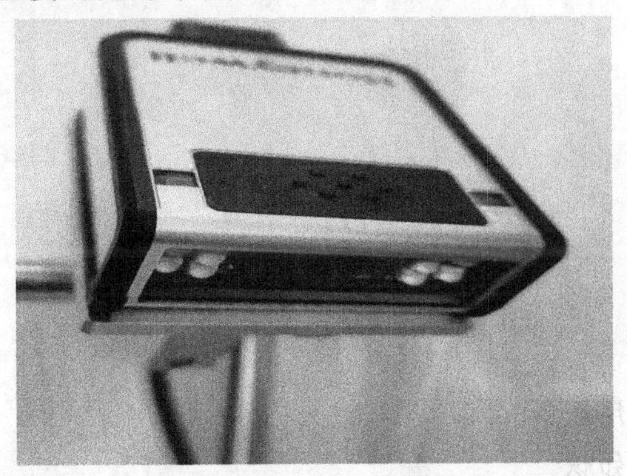

图 7-1　工业读码器

7.1.2　典型读码器的应用场景

工业读码器在工业自动化领域主要用于产品制造、检测、包装与出入库等流程的过程跟踪与质量监管。应用场景如图 7-2 所示。

以条码标识每个物品，可在整个供应链过程中共享数据，实现对物品流程的记录，在全程的关键环节读取物品的条码，记录物品的相关信息。

在物流行业，读码器通过提高材料搬运设备的效率，减少人工分选和设备停工时间，可以帮助物流公司提高工作效率，降低成本，主要包括标签验证、自动分拣和出入库追踪等应用场景。

在汽车行业，读码器能在生产中的各个工序验证组装零件情况，并跟踪和捕获信息，确保准确完成整个生产流程，从而帮助汽车厂商改进制造质量和绩效，主要包括零部件的质量追溯和物流准确性追踪。

在电子行业，读码器可实现部分智能设备的自动化操作，从而减少人工操作引起的生产错误，确保交付的产品满足电子行业的质量要求。

在食品和饮料行业，过敏源控制、产品质量、装配验证、包装检查以及完全可追溯性都是不容忽视的重要问题，读码器在该行业的应用可以有效帮助企业改进生产质量和绩效，实现更加智能化的流水线操作。主要应用场景为食品

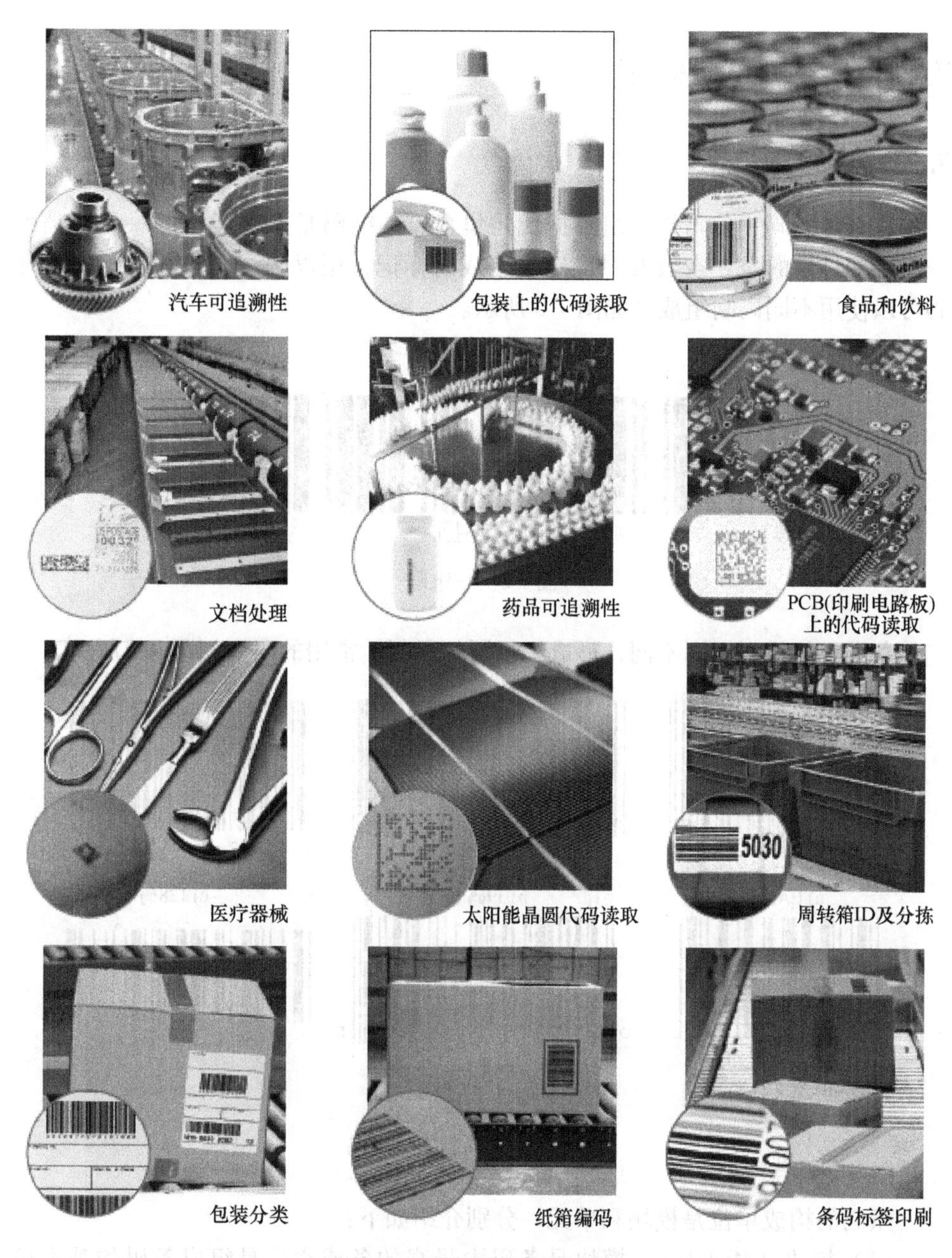

图 7-2　读码器的应用场景

安全溯源，对食品的制造、检测、出入库以及运输与销售环节实现全流程监控。

在制药设备和医疗器械行业，用于保证药品和器械包装的完整性，或者对产品进行追踪。

7.2 码制的基础知识

7.2.1 一维码

什么是条码？条码是一组数据代码集合。一维码是条码类型的一种，是由一组规则排列的条、空及其对应字符组成的标记，用以表示一定的信息。一维码可以使用不同码制组成，如图 7-3 所示。

图 7-3 一维码

条和空的排列规则不同，形成了不同的码制，常用的码制如图 7-4 所示。

a) EAN码 b) 39码 c) 128码
d) 交叉25码 e) UPC码 f) Codabar码

图 7-4 不同码制的一维码

条码的构成单位是模块和单元，分别介绍如下：

（1）模块（Module） 模块是条码中最窄的条或空，是组成条码的基本单位。模块的尺寸（宽度）通常以 mm 或 mil（10^{-3}in）作单位。

（2）单元（Element） 单元是构成条码的条和空。在有些码制（如 EAN 码）中，所有单元都是由一个或多个模块组成；而另一些码制（如 39 码）中，所有的单元只有两种宽度，即宽单元和窄单元，其中窄单元为 1 个模块。

条码的几个重要参数，下面逐一介绍：

（1）密度　密度即单位长度的条码所表示的字符个数。因为对于一种码制而言，密度主要由模块尺寸决定，模块尺寸越小，密度越大，所以密度值通常以模块尺寸的值来表示（如 5mil）。通常 7.5mil 以下的条码称为高密度条码，15mil 以上称为低密度条码。密度值一般作为衡量条码打印和阅读设备性能的一项重要指标，密度越高，要求的设备性能越高。很高密度的条码一般用于标识小的物体，如精密电子元件。而很低密度的条码一般用于需要远距离读取的场合，如仓库管理。另外，对于不同码制，由于编码方式的不同，在模块尺寸相同时它们在单位长度所表示的字符个数也可能不同。据此差异也可分为较高密度的码制和较低密度的码制。

（2）宽窄比　对于只有两种宽度单元的码制，宽单元与窄单元的比值称为宽窄比。宽窄比一般为 2~3 左右（常用的有 2：1 和 3：1）。宽窄比较大时，阅读设备更容易分辨宽单元和窄单元，因此较容易阅读。

（3）对比度　对比度是反映条码光学特性的一个参数，其公式为：$PCS=(R_L-R_D)/R_L$。其中，R_L为条码中空的反射率；R_D为条码中条的反射率。PCS 值越大则条码的光学特性越好。

（4）条码编码　空、条图案表示一个字符的规则，有宽度调节法、模块组配法。

（5）条码纠错　一维码：检验条码识读的准确性；二维码：在条码破损的情况下能还原全部信息，保证条码能被正确识读。

（6）编码容量　仅有两种宽度单元的条码，编码容量 $C(n,\ k)=n(n-1)\cdots(n-k+1)/k!$，$n$ 是一个条码字符中的单元总数，k 为宽单元或窄单元的数量。

（7）条码字符集　某种条码所能表示的全部字符集合。EAN/UPC，交叉 25 码：0~9；39 码：0~9，a~z。

（8）双向可读性　从条码的左、右两侧开始扫描都能被识读的特性。

（9）条码的颜色　条和空可以有各种颜色组合，但有些组合会影响阅读设备的阅读性能。如红色光源的阅读器（大部分阅读器采用红色光源）不能阅读红条白空的条码，因为此时条和空对入射光的反射率都很高。因此，在印制条码或选择阅读设备时应注意条码的颜色组合。一般来说，黑条白空是最好的颜色组合。

以一维码为例来了解条码的组成，如图 7-5 所示。

主要包括如下几个部分：

（1）静区（Quiet Zone）　条码左右两端外侧与空的反射率相同的限定区域。静区使得阅读设备进入准备阅读的状态。特别是当两个条码相距较近时，静区有助于区分它们。静区宽度应不小于模块尺寸的 10 倍或不小于 $1/4^{in}$（约 6mm）。

图 7-5　一维码的组成

（2）起始/终止符（Start/Stop Characters）　处于条码的开始和结束部分的若干条与空称为起始/终止符，它们标志着条码的开始和结束，同时提供了码制识别信息和阅读方向信息。一般在条码左侧的称为起始符，右侧的称为终止符。

（3）数据符（Data Characters）　中间部分的条空结构包含了条码所表示的特定信息，称为数据符。

（4）校验符（Check Character）　有的码制（如 EAN）有用于校验的条码字符，称为校验符。校验符一般位于数据符和终止符之间。

（5）中间分隔符（Central Separating Characters）　有的码制（如 EAN）在条码的中间位置有一些特定的条空结构，称为中间分隔符。

所以，一个完整的条码 = 静区+起始符+数据符+（校验符）+终止符+静区。

一维码的使用已经非常广泛，但其数据容量较小，只有 30 个字符左右，只能包含字母和数字，条码尺寸相对较大（空间利用率较低），条码遭到损坏后便不能阅读。

几种码制的特点归纳如下：

（1）EAN 码　是国际通用的符号体系，是一种长度固定、无含义的条码，所表达的信息全部为数字，主要应用于商品标识。

（2）39 码和 128 码　为国内企业内部自定义码制，可以根据需要确定条码的长度和信息，它编码的信息可以是数字，也可以包含字母，主要应用于工业生产领域、图书管理等。39 码是一种用途广泛的条码，可表示数字、英文字母以及“-”、“.”、“/”、“+”、“%”、“$”、“ ”（空格）和“*”共 44 个符号，其中“*”仅作为起始符和终止符。

（3）93 码　是一种类似于 39 码的条码，它的密度较高，能够替代 39 码。

（4）25 码　主要应用于包装、运输以及国际航空系统的机票顺序编号等。

（5）Codabar 码　应用于血库、图书馆、包裹等的跟踪管理。

（6）ISBN　用于图书管理。

7.2.2　二维码

二维码（2-dimensional Bar Code）是用某种特定的几何图形按一定规律在平

面（二维方向上）分布的黑白相间的图形记录数据符号信息的。二维码技术诞生于 20 世纪 40 年代初，但得到实际应用和迅速发展还是在近 20 年间。二维码有多种码制，常见的有 PDF417、QR Code、Code 49、Code 16K 和 Code One 等，如图 7-6 所示。

图 7-6　常见二维码

二维码的结构如图 7-7 所示，主要包括模块/单元格、定位图案/L 图案、时钟图案、数据区和静音区。

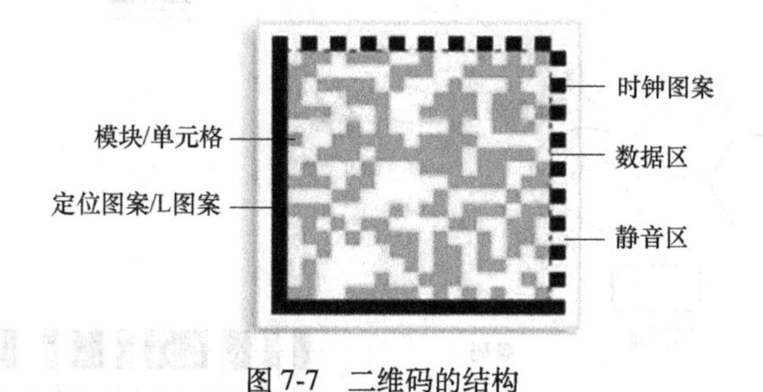

图 7-7　二维码的结构

二维码具有存储量大、保密性高、可追踪性好、抗损性强、备援（建立数据备份）性大、成本低等特性，这些特性特别适用于表单、安全保密、追踪、证照、存货盘点、资料备援等方面。

7.3 条码设备

条码设备分为两类：条码打印设备和条码识别设备。本节将重点讲述这两种设备。

7.3.1 条码打印设备

条码打印设备主要用于条码标签的打印。

目前，打印条码标签有两种方式：条码打印机打印方式和软件配合激光打印机打印方式。

条码打印常用喷墨和标签标记的方式。其中标签标记的方法就是直接在部件上进行标识，这种工艺也叫 DMP，常有点标、化学蚀刻和激光标记。在标记时通常有以下注意点：①在清晰、无障碍的位置标示；②确保条码周围至少预留 3~4 个单元宽度的“静音区”；③在曲面上标示时，条码不得大于直径的 16%或部件周长的 5%。

7.3.2 条码识别设备

常用的条码识别设备可分为两大类：激光读码器和图像读码器。

1. 激光读码器

激光读码器使用激光扫描技术，其原理如图 7-8 所示。

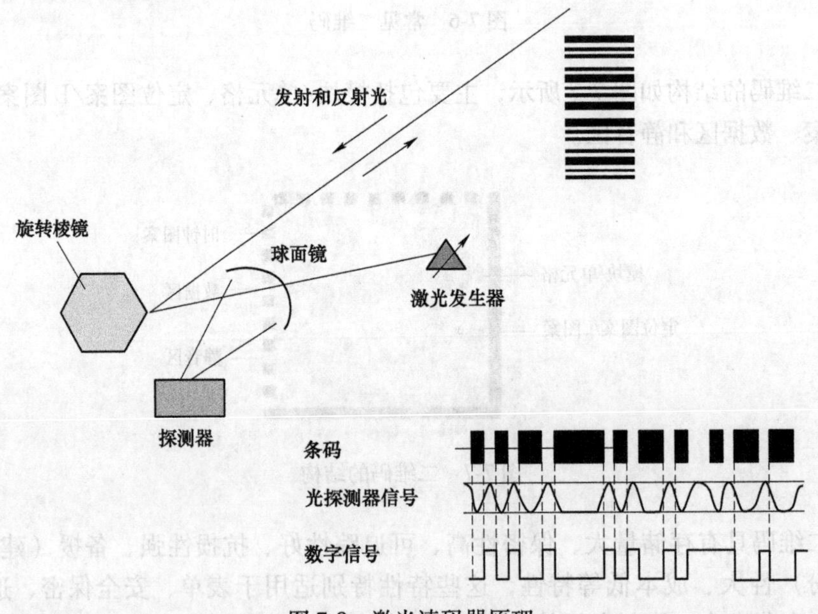

图 7-8　激光读码器原理

激光发生器发射的激光经过旋转棱镜后照射到条码上，条码上的反射光进入光探测器，光探测器将接收到的模拟信号转化为数字信号，从而对条码信息进行解析。

激光读码器成本低、速度快、使用时间长，而且可进行长距离解码，是最常见的读码设备。但它也存在一些限制，比如：有一些印刷质量差的条码或者有缺陷、低对比度的条码、有镜面反射的条码很难扫描出来；只能单向扫描；无法读取二维码。

2. 图像读码器

图像读码器是基于图像的读码器，其核心是使用相机（成像器）获得条码的图像，并使用特定的软件对条码进行信息解读，其原理如图 7-9 所示。

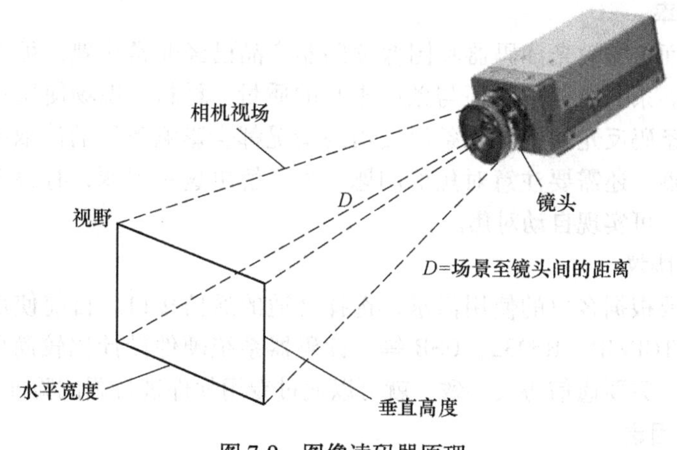

图 7-9　图像读码器原理

这里有两个概念需要了解：

（1）模块像素（Pixels per Module，PPM）　指需要使用多少像素来覆盖条码的一个单元格或模块，可以确认相机是否具有读取条码所需的分辨率。行业标准一般要求 PPM 达到 1.5~2。

（2）码密度　单位是 mil/module，它反映了条码中每个模块的尺寸。

默认的码模块如图 7-10 所示。

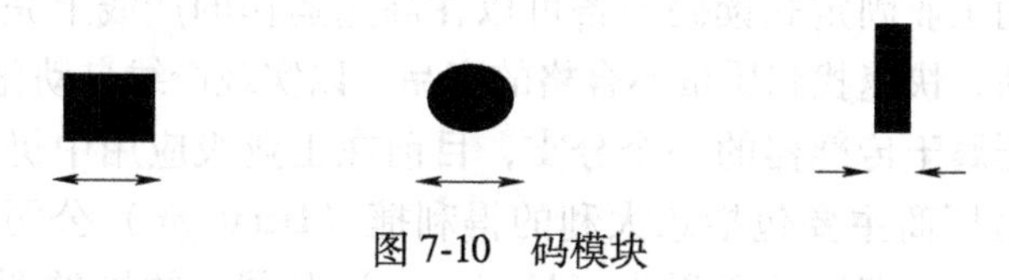

图 7-10　码模块

码密度计算以图 7-11 为例，过程如下：

1 个模块的大小为 6mm/12 = 0. 5mm ≈ 0. 02in = 20mil，即图 7-11 示例中的码

密度为 20mil/module。

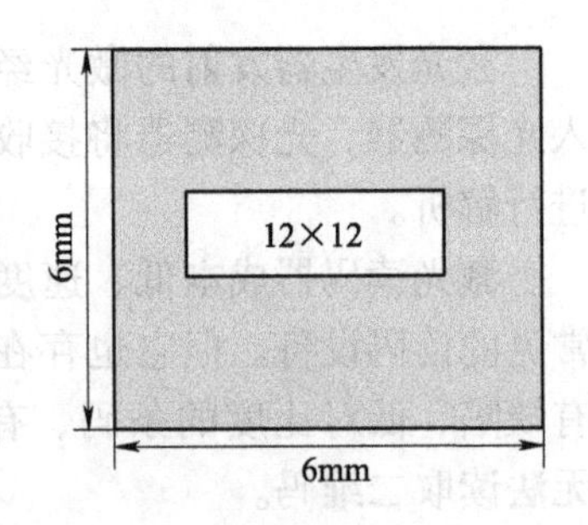

图 7-11　码密度计算示意

图像读码器有以下优点：①更高的读取率，可以读取损坏的/正确标记的条码；②使用寿命更长；③有图像反馈，可以存储未读取图像，进而可以查找未读取条码的原因。

图像读码器的成本一般比激光读码器高，但随着技术的发展，其成本也会越来越低。

7.3.3　读码器的选型

读码器的种类繁多，在实际使用时要结合工艺需求进行选取：

1. 读取率

目前市面上的激光读码器和图像读码器产品已经非常成熟，可以达到非常高的读取率。条码的读取率还与条码本身的质量、材料、现场使用环境等因素有关，比如条码反光的情况及条码破损的情况都会影响条码的读取率。如果使用图像读码器，还需要注意对焦的问题。为了解决这一问题，有很多厂家推出了液态镜头，可实现自动对焦。

2. 通信协议

选取时要根据客户的使用需求，选择合适的通信接口。目前使用比较多的通信协议有 TCP/IP、RS232、USB 等。读码器系统硬件设计比较简单，大多属于热插拔式，只要通信协议一致，就可以通过专用软件进行调试验证。

3. 其他因素

选取读码器时，还有安装条件、成本等其他需要考虑的因素。

7.4　典型工业读码器

随着数字化需求的不断增加，工业领域数据的追溯成为关键的一环。工业读码器的出现和广泛应用大大提升了数据追踪的准确性，它能够以优秀而稳定的性能服务于各个环节中，为企业节省成本和降低错误率，如在生产、包装和入库环节，采用工业固定式读码设备可以在高速运作的产线上完成重码、缺码或少码检测判断，快速找到质量不合格的产品，以实现产线自动化。

工业读码器属于传感器的一个分支，目前在工业级应用中仍然以国外品牌为主。国际知名厂商主要包括意大利的得利捷（Datalogic）公司、美国的康耐视（Cognex）公司、美国的迈思肯（Microscan）公司、德国的西克（Sick）公司和日本的基恩士（Keyence）公司。

国内的传感器厂商也在不断提升自己的竞争力，涌现出如新大陆 NLS-

Soldier 100、NVF230 等工业级读码器产品，已广泛应用于各种复杂的工业环境中。

图 7-12～图 7-14 所示为目前主流的国内外读码器。

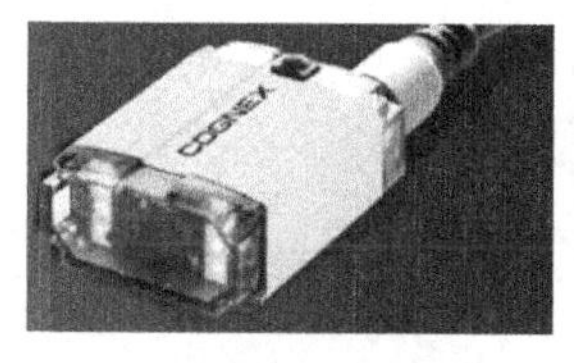

a) DataMan100/200

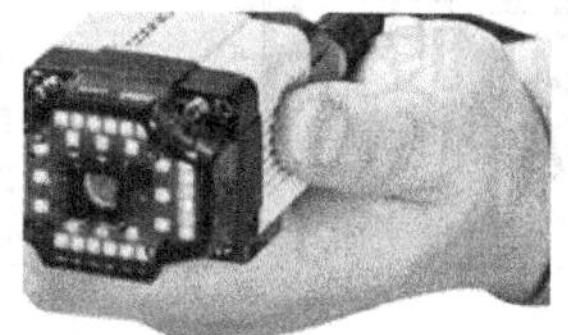

b) DataMan300

c) DataMan500

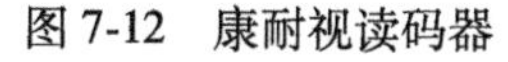

图 7-12　康耐视读码器

a) MS–4系列

b) MINI HAWK系列

c) QX HAWK系列

图 7-13　迈思肯读码器

在工业视觉系统中，工业相机本身具备码制识别的功能。但是在特定的工业场景中，从读取速度和稳定性等角度考虑，通常会选择读码器和视觉系统搭配使用，读码器追踪产品属性信息，视觉系统测量产品个体信息。两者组合即完成了完整的产品数据追溯。

图 7-14　新大陆 NLS-Soldier 读码器

习　题

1）一维码主要包括哪几部分？

2）二维码主要包括哪几部分？

3）条码的码密度是如何计算的？

4）工业读码器选型主要注意哪几点？

第8章

工业机器视觉硬件系统搭建实例

本章内容提要

1. 工业机器视觉验证平台
2. 物流类应用案例
3. 消费电子行业应用案例
4. 医疗行业应用案例

学以致用是应用类学科的最终追求。本章将以物料、消费电子、医疗等行业的典型应用为载体，系统讲述工业机器视觉硬件系统的搭建过程，最终实现由点到面的整体知识架构的搭建。

8.1 工业机器视觉系统教学和验证平台

在工业视觉系统的设计和搭建过程中，需要适配不同的工艺，所以视觉硬件系统从选型到最终确认其实是一个不断试验和择优的过程。在实际项目开发和教学实践中通常会选择一款专用的试验平台用于完成该过程。

8.1.1 恒途工业视觉简易平台搭建目的

理论的落地最终需要体现在实践上，本书涉及的一些知识点落实在工业机器视觉上的最直接的体现是为工业生产过程中的项目搭建出一套合适的工业机器视觉系统，完成项目的要求，达到提高工业生产效率和质量的目的。

在搭建机器视觉平台时，涉及以下核心硬件的选型：①如何选择合适型号的工业相机？②如何选择合适型号的镜头？③如何选择光源和打光方式？

一套合适的工业机器视觉硬件系统决定了我们在后续图像处理及结果输出

方面的难易程度，甚至决定了项目的最终成败。

搭建工业机器视觉硬件系统的思路如图 8-1 所示。

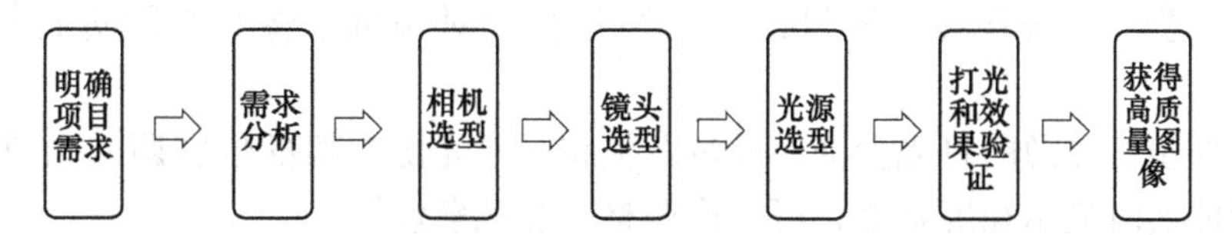

图 8-1 搭建工业机器视觉硬件系统的思路

在项目正式实施前，为了保证选取合适的工业机器视觉硬件，通常会搭建一个简易的工业机器视觉平台，以避免诸如计算误差、需求理解偏差、机构干涉、打光问题等带来的错误，也可以减少不必要的实施细节漏洞，节省项目的整理时间。为了配合培训和教学实践，我们搭建了恒途工业视觉系统简易平台，如图 8-2 所示。

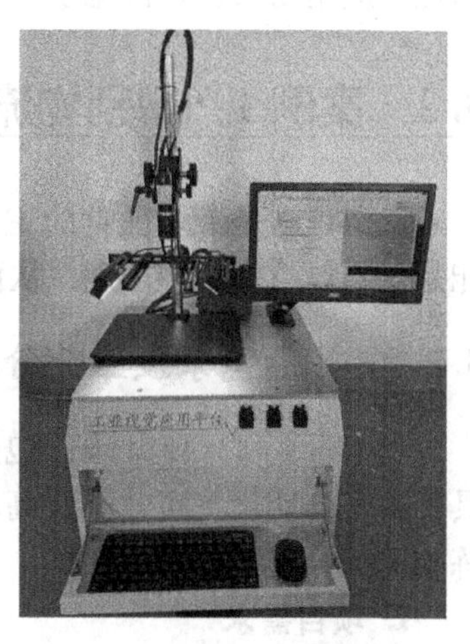

图 8-2 恒途工业视觉系统简易应用/验证平台

在选定工业机器视觉硬件前，可以在此平台上做一些验证，例如打光的验证，以获得最佳的成像效果。

8.1.2 恒途工业视觉实践平台的特点

该平台涵盖实际项目中常用的核心元件，具有以下特点：

该平台是视觉培训的初级款，包含完整的图像采集系统，适应性好。该平台包含了一整套的工业机器视觉核心硬件，其中包括专业视觉试验支架、两路光源控制器、工业相机、主机、两个条形光源和一个环形光源，适用于绝大多数视觉试验场景，可满足初级学习者的需求。

平台支架可上下、左右、前后方向调节；相机夹持部分支持上下、前后微调，可以很方便地拆装，相机高度可以很轻松地调节；光源支架可方便地调整高度和角度，适应不同种类的打光试验。

光源控制器可以非常方便地控制光源的开关及亮度。

可以通过计算机实时地查看采集到的图像，并且可以通过视觉软件处理图像。

8.1.3 恒途工业视觉简易平台的使用

第一步：安装相机。将相机夹持在支架上，可上下、左右进行调整。

第二步：安装光源。根据验证要求选择合适的光源，安装在光源固定架上，调节好角度并连接光源控制器。

第三步：系统连接。通过已安装视觉软件对相机采像和光源进行控制和调节。

第四步：光源的打光验证。通过调整和摆放光源支架的位置调节光源角度，让图像能实时显示在屏幕上，可一边调整一边观察效果。

实践平台体积小，兼容性强，同时预留了常见光源的安装空间，可适应不同视觉应用场景，是视觉学习和视觉项目验证比较合适的平台。

8.2 案例1：识别物流纸箱上的条码

条码识别是工业视觉的主要应用之一，在物流行业使用很广泛，其主要功能是对物料类别进行识别，从而达到产品分拣和信息追溯的目的。

8.2.1 项目需求及工艺分析

物流行业每天要处理的包裹数以亿计，并且数量还在持续增加。机器视觉具有高度自动化、高效率、高精度和环境适应强等优点，为高速发展的物流分拣系统提供了强有力的支撑。

1. 项目需求

流水线带动包裹快速移动。通过读取条码获取每个包裹的信息并对相应的信息进行分类处理，其中不良条码信息需要保存。

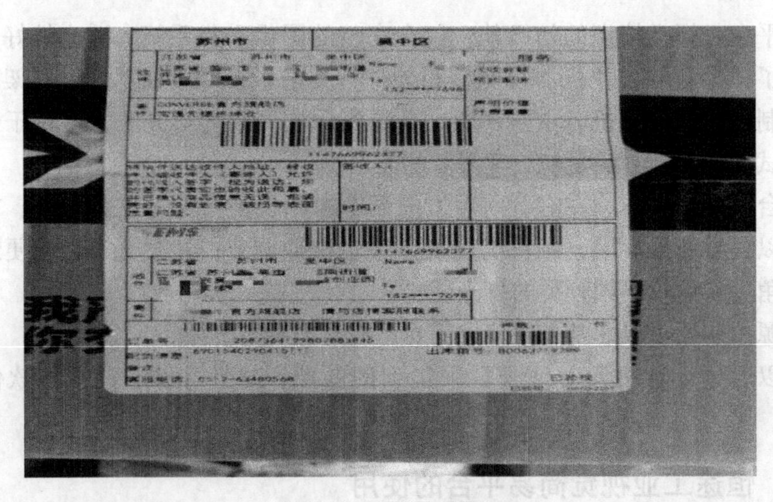

图 8-3 包装盒条码

2. 产品图片及信息

包装盒尺寸为 300mm×300mm×200mm，传送带速度为 300mm/s，包装盒上的条码如图 8-3 所示。

3. 工艺分析

所要测量的区间是物流纸箱上的一维码，所贴位置不固定。首先，观察物料特征位置及背景表面特性，如颜色、表面反光特性、物料空间结构等。然后，分析工业特性：在白色标签上识别黑色的一维码；视野较大，纸箱的位置在视野内不固定摆放；纸箱不反光；在产品运动状态下拍摄识别，要求光源亮度高、曝光时间短。项目需求分析过程可见图 8-4。

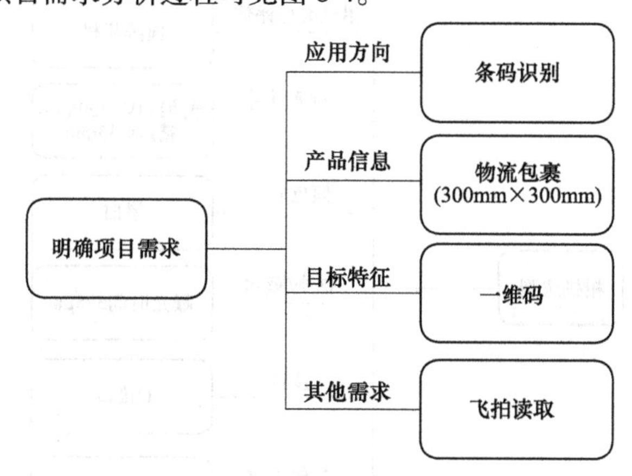

图 8-4　项目需求分析

8.2.2　硬件选型过程

考虑到不良条码的信息需要保存，可以选取图像式读码器。另外，在拍摄高速运动物体的场合，选择相机后，还需要计算相机的曝光时间，以保证图像不产生拖影，计算原则是：在曝光时间内，运动物体移动的距离不超过一个像元尺寸。

1. 相机选型

产品尺寸为 300mm(长)×300mm(宽)，若产品占视野的 3/4，则视野长度为 400mm，条码长度为 55mm，条码一个模块的宽度为 0.5mm。为了解析条码，条码的 PPM 至少大于 1.5，则相机的精度至少为 0.5mm/1.5≈0.33mm。根据精度的计算公式精度=视野/分辨率，可计算出单边方向上的分辨率：

$$分辨率 = 400\text{mm}/0.33\text{mm} \approx 1212$$

因此，相机的分辨率应在 1212×1212 以上，可以选择 200 万像素的黑白相机。当然，500 万像素的相机同样也能满足要求，但分辨率越高帧率会越低，且用在图像处理上的时间也会越长。

经过综合考虑，此案例最终选择的是 500 万像素的相机，感光器件大小是 8.45mm×7.07mm，像元尺寸是 3.45μm。下面来计算成像时不产生拖影的曝光时间。

首先计算出像的运动速度，放大倍数为 8.45mm/400mm＝0.02，所以像的运动速度是 0.02×300mm/s＝6mm/s。

因曝光时间×6mm/s＝3.45μm，所以曝光时间为 0.000575s，曝光时间设置为 575μs 即可。

本案例相机选型的过程如图 8-5 所示。

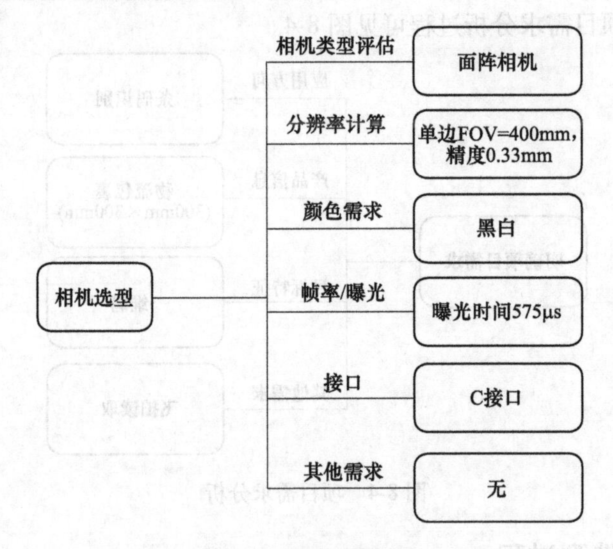

图 8-5　相机选型过程

2. 镜头选型

此案例中假设包裹的高度一致，普通的定焦镜头即可满足需求。若包裹的高度不同，则需要选用变焦镜头或液态镜头。假设工作距离（WD）为 600mm，则根据在镜头选型章节所学习的知识，计算得出焦距 f＝12.675mm，选择焦距为 12mm 的定焦镜头即可满足需求。

镜头选型总结如图 8-6 所示。

8.2.3　光源选型

基于项目需求，光源选型过程如图 8-7 所示。由于视野太大，环形光源、球积分光源以及同轴光源均不适合。另外，条形光源会出现打光不均匀的现象，并且产品在视野内位置不固定，所以也不可取。中孔面光为侧部发光，虽然其均匀扩散照射效果良好，但光照强度较弱，不适合飞拍条件下的低曝光场合。最终方案为在相机两侧分别安装一个非标的高亮背光光源进行打光。该光源可

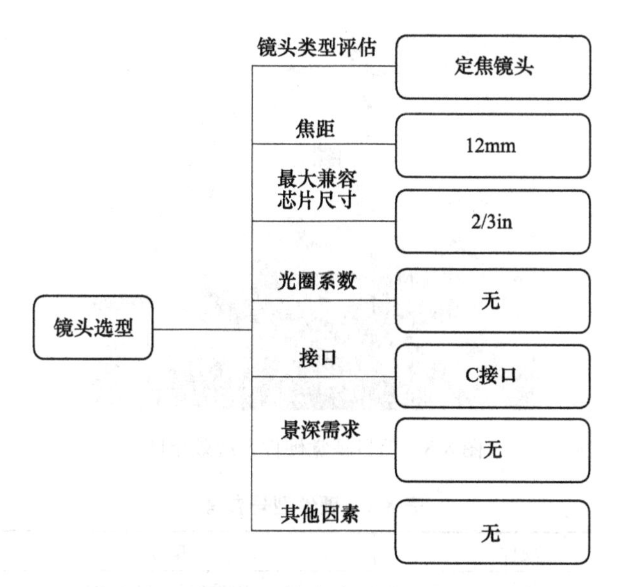

图 8-6　镜头选型过程

均匀地照亮整个视野，并且亮度非常高，可以解决在检测速度较快情况下低曝光视野亮度不足的问题。

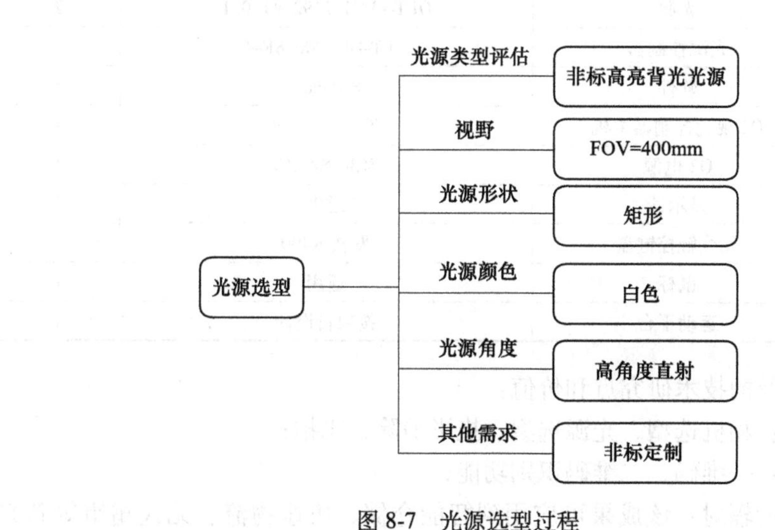

图 8-7　光源选型过程

8.2.4　项目最终效果和说明

此项目的最终效果如图 8-8 所示。

该项目选用国内厂家奥普特生产的相机、镜头和光源，具体规格见表 8-1。

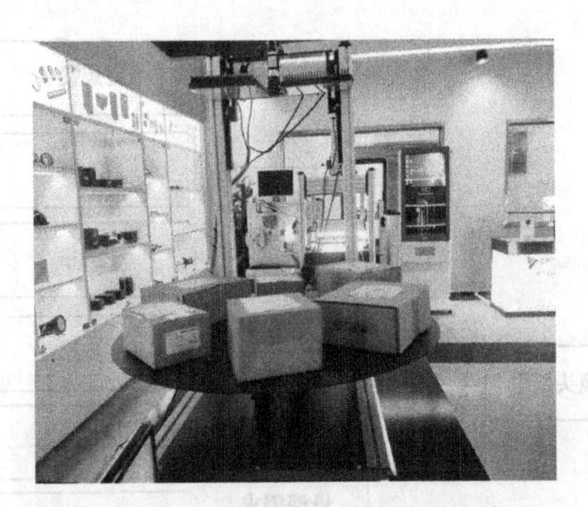

图 8-8　项目视觉硬件系统效果图

表 8-1　硬件型号参考

序号	硬件	型号	数量
1	相机	OPT-CM500-GM-04	1
2	相机网线	GigE-05M	1
3	相机电源	6S-TY-03	1
4	镜头	OPT-C1216-5M	1
5	光源	OPT-FLG192192-V1. 0. 1	2
6	光源控制器	OPT-DPA20048E-4	1
7	软件	SciSmart	1
8	Q2 视觉控制器主机	SCI-Q2-52206	1
9	Q2 电源	SCI-PS2-240	1
10	显示器	通用	1
11	无线触控键盘	罗技 K400	1
12	鼠标	通用	1
13	运动平台	按项目设计	1

本案例涉及的技术研究点和价值：

硬件知识：相机选型、光源选型、拖影消除、飞拍；

软件知识：一维码、二维码识别功能；

研究成果的辐射：该成果可应用到智能仓储、快速物流、无人超市等新兴业态和产业中。

8.3　案例 2：手机屏 AA 区检测

手机屏 AA 区是指显示文字的区域。在消费电子类产品中 AA 区的位置装配要求比较高，因为会直接影响着产品外观。在计算机、手机等产品的生产过程中，AA 区的检测是非常重要的一环。

8.3.1 项目需求及工艺分析

1. 项目需求

该项目对手机屏的 AA 区进行尺寸检测，主要测量 AA 区边缘到产品内边缘的距离。要求的检测精度为 0.03mm。

2. 产品图片及信息

手机屏尺寸为 160mm×80mm，在实际生产过程中表面覆盖一层塑料保护膜，如图 8-9 所示。

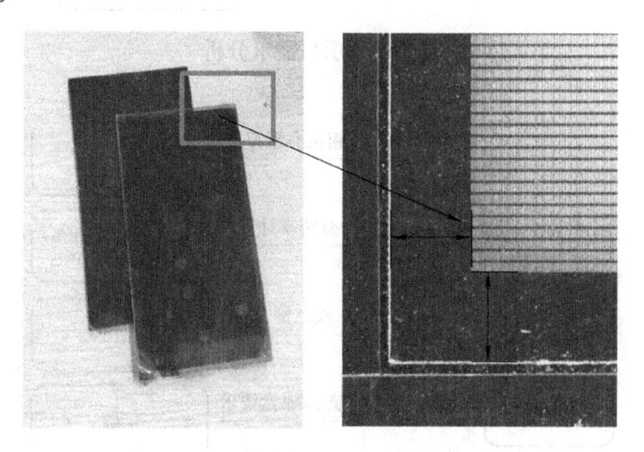

图 8-9 手机屏的 AA 区检测示意图

3. 工艺分析

本项目测量工艺本身属于常规应用，其难点在于取像。屏幕有一层覆膜，会出现反光现象，影响取像，使得无法获取 AA 区清晰的边缘图像。所以光源的选择是难点。项目需求分析过程可见图 8-10。

8.3.2 硬件选型过程

1. 相机选型

由于是抽样式的尺寸测量，无须对整个手机屏的 AA 区边缘都进行测量，所以选取手机屏的四个角，分别单独进行测量。视野大概选定 20mm×20mm，则相机的单边分辨率 = 视野/精度 = 20mm/0.03mm ≈ 666。由于是正面打光，为保证精度的可靠性，一般采用 3～5 个像素的精度，则相机的单边分辨率为 666×5 = 3330，这样可以选择 1000 万像素的相机。

本案例相机选型的过程如图 8-11 所示。

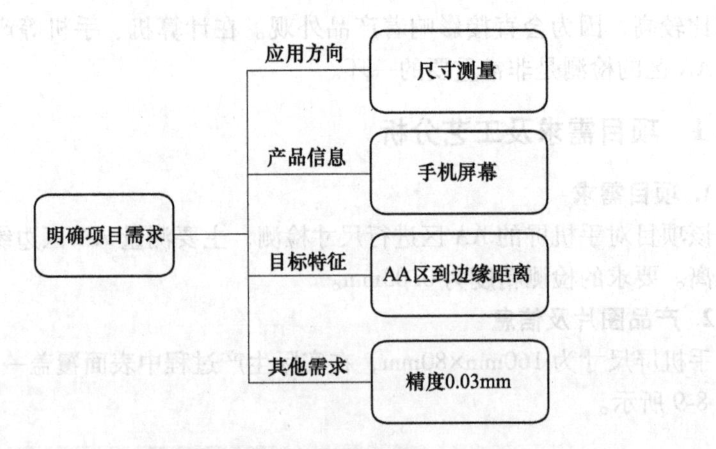

图 8-10 项目需求分析

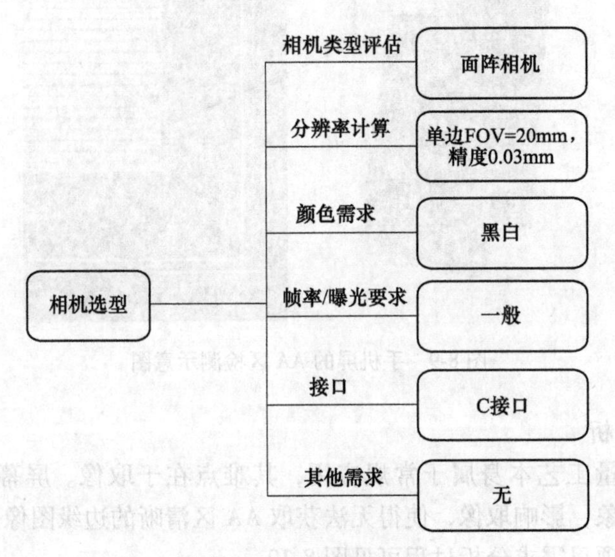

图 8-11 相机选型过程

2. 镜头选型

由于是高精度测量项目，所以选择远心镜头。根据选择的相机芯片尺寸和视野大小，可以计算出远心镜头的放大倍率。假设相机芯片大小是1/2in，即对角线长度为8mm，那么镜头的放大倍率 = 8mm/20mm = 0.4。同时可以查看镜头厂家产品资料，查看对应的远心镜头的视野和工作距离是否满足设计需求。

需要注意的是，由于本案例选择的是红外光源，所以镜头也必须满足红外波段。

本案例镜头选型的过程如图 8-12 所示。

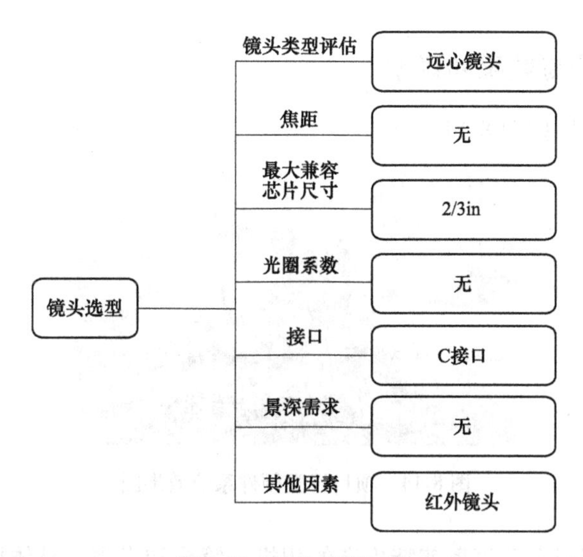

图 8-12　镜头选型过程

8.3.3　光源选型

由于待检测区域有塑料覆膜遮挡，可见光源难以成像。红外光波长较长，容易发生衍射现象，穿透性好，可用于该项目。

另外，由于手机屏和保护膜均有一定的反光特性，所以可考虑选择红外波段的同轴光。

本案例中采用的是环形红外光源，基本也能满足需求，具体效果读者可进行验证，以达到最好的打光效果。其步骤如图 8-13 所示。

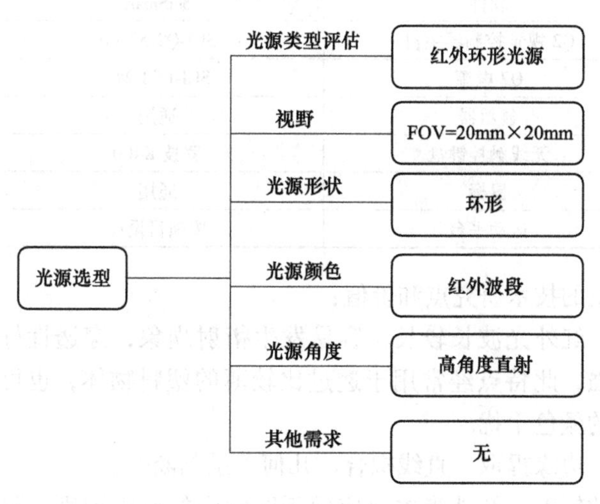

图 8-13　光源选型过程

8.3.4 项目最终效果和说明

项目最终效果如图 8-14 所示。

图 8-14 项目视觉硬件系统效果图

该项目选用国内厂家奥普特生产的相机、镜头和光源，具体规格见表 8-2。

表 8-2 硬件型号参考

序号	硬件	型号	数量
1	相机	OPT-CM1000-GL-04	1
2	相机网线	GigE-05M	1
3	相机电源	6S-TY-03	1
4	镜头	OPT-AS03-110	1
5	光源	OPT-RI9030-IR	1
6	光源控制器	OPT-DPA2024E-4	1
7	软件	SciSmart	1
8	Q2 视觉控制器主机	SCI-Q2-52206	1
9	Q2 电源	SCI-PS2-240	1
10	显示器	通用	1
11	无线触控键盘	罗技 K400	1
12	鼠标	通用	1
13	运动平台	按项目设计	1

本案例涉及的技术研究点和价值：

硬件知识：红外光波长较长，容易发生衍射现象，穿透性好，透过有机物质的能力比较强，此特点经常用于透过比较薄的塑料物体，也可用于过滤一些有机染料形成的颜色干扰。

软件知识：边缘提取、直线拟合、几何关系判断等。

研究成果的辐射：红外光主要应用于医学中的血管识别、眼球定位及药品检测，包装行业中的塑料包装检测，以及服饰、纺织行业中的染料颜色过滤等。

在纺织行业中需要面对的难题是染料颜色的过滤，此时可利用红外光波长较长、穿透能力比较强的特点。图 8-15 是该行业的应用案例。

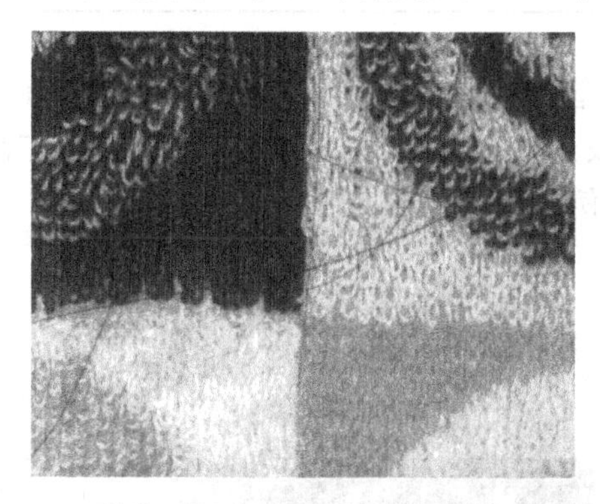

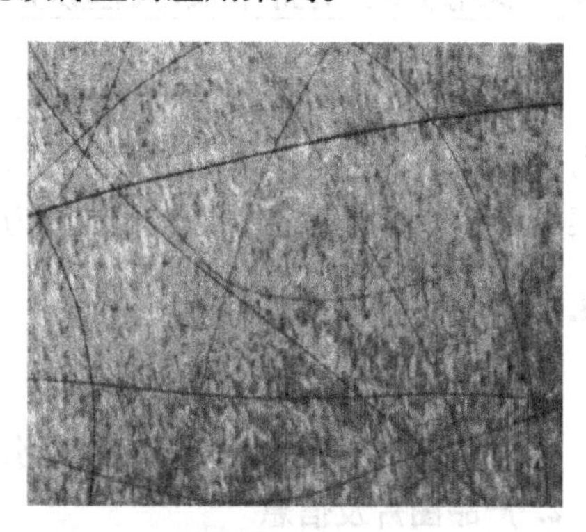

图 8-15　纺织行业应用案例——940nm 红外光

在 PCB 印刷行业，因为工艺、绝缘性要求等因素，通常在金属电路表面覆盖不同材质的胶水，在实际检测过程中会影响采像效果，此时可用红外光完成采像。在图 8-16 和图 8-17 所示案例中，通过红外光照射，可以使封装在黑色塑胶下面的金属电路清晰地显现出来，效果和 X 射线一样好，而且对人体无害。

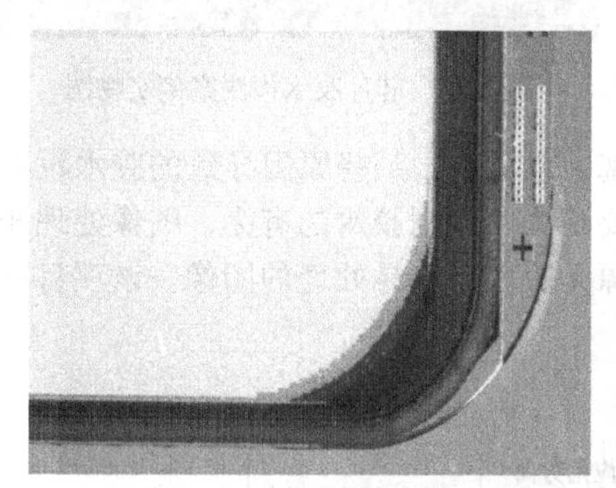

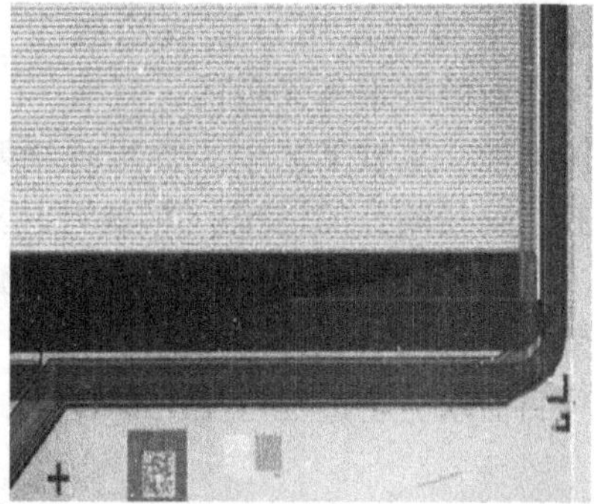

图 8-16　PCB 印刷行业——940nm 红外光

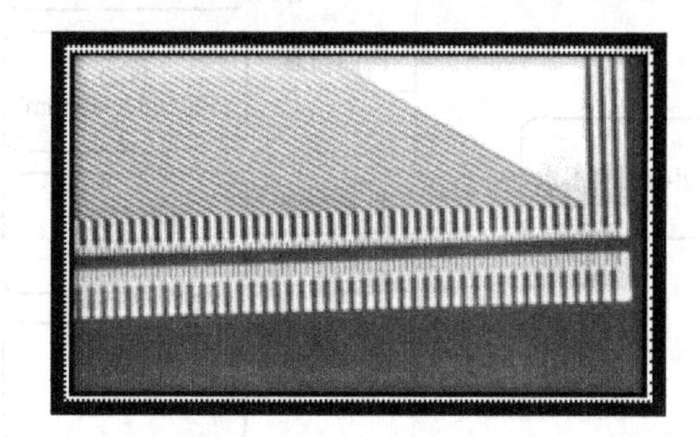

图 8-17　PCB 印刷行业——940nm 红外光（局部放大）

8.4 案例3：芯片胶水检测

对消费类电子产品而言，小型化、智能化是主流发展趋势。为了在小的空间内集成越来越多的元器件，在生产及组装过程中，胶水的应用越来越广泛。本案例以芯片生产工艺中的胶水检测为例，讲述此类应用。

8.4.1 项目需求及工艺分析

1. 项目需求

检测芯片上是否有含荧光剂的胶水。

2. 产品图片及信息

如图8-18所示，PCB整版尺寸约为500mm×400mm，整个版面较大，但是可以分段进行多次拍摄，视野约为125mm×100mm。PCB在载具上，摆放稳定。工作距离约为390~400mm。

图8-18 芯片胶水检测案例实物图

3. 工艺分析

工业上经常使用点胶或涂胶工艺。大多数的胶水是无色的，且有一定的流动性。点胶工艺中经常出现堵塞，或者由于某些原因导致的胶水没有涂上或胶水路径断开的情况。本案例主要是为了识别胶水的有无，图像处理相对简单。胶水是无色的，使用一般的光源无法获得容易处理的图像。该项目将会使用紫外光来获取合适的图像。

项目需求分析过程可见图8-19。

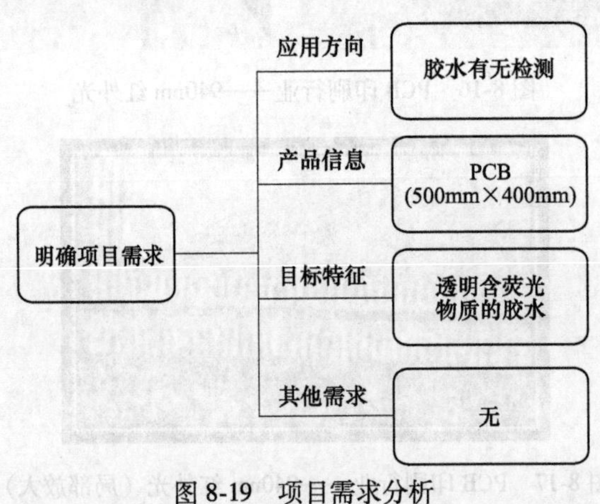

图8-19 项目需求分析

8.4.2　硬件选型过程

1. 相机选型

该项目用于检测胶水的有无，对精度无明确要求。主要应考虑相机是否能够分辨最小路径宽度的胶水。本例中假设最小的胶水宽度是 0.25mm，正面打光，一般以 3~5 个像素作为误差值。最大误差为 5 个像素时：

相机分辨率 = 视野 / 精度(最小胶水宽度) × 5 = 125mm/0.25mm × 5 = 2500

选择 600 万像素的相机能满足要求。另外，使用紫外光照射含荧光物质的胶水时，会使胶水呈现紫色，所以选用彩色相机。

本案例相机选型的过程如图 8-20 所示。

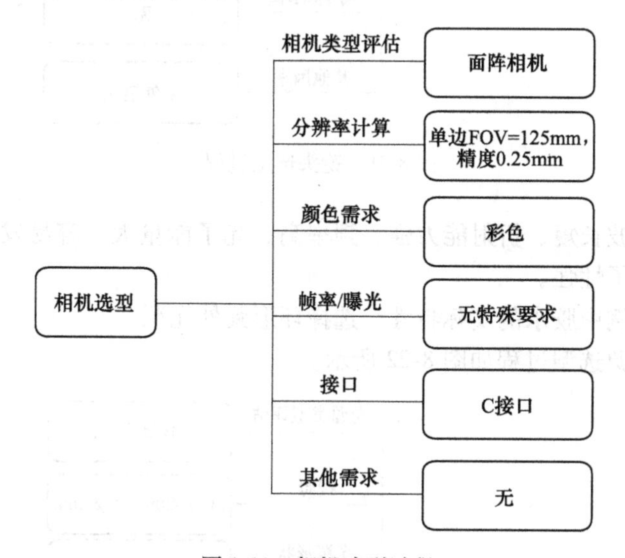

图 8-20　相机选型过程

2. 镜头选型

本例会用到紫外光，所以镜头也需要用适合紫外光的镜头。精度要求不高，所以选择普通的定焦镜头即可。视野是 125mm，相机芯片约为 8mm，工作距离（WD）为 390mm，则通过计算可知镜头的焦距 f= 芯片尺寸×WD/视野 = (8×390/125) mm = 24.96mm。

所以，本项目选择焦距为 25mm 的标准紫外镜头。

本案例镜头选型的过程如图 8-21 所示。

8.4.3　光源选型

由于紫外线光量子具有较大的能量，所以当紫外线照射到很多物质上时使分子受激而发射荧光，这些物质辐射荧光的现象就称为紫外线的荧光效应。

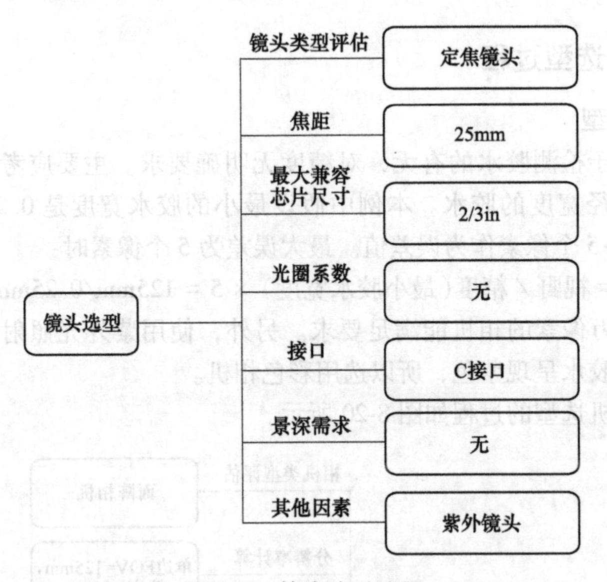

图 8-21　镜头选型过程

紫外光的波长短、折射能力强、频率高、光子能量大，容易发生光电效应，波动性差而粒子性强。

结合本案例中胶水的实际特性，选择环形紫外光源。

本案例光源选型过程如图 8-22 所示。

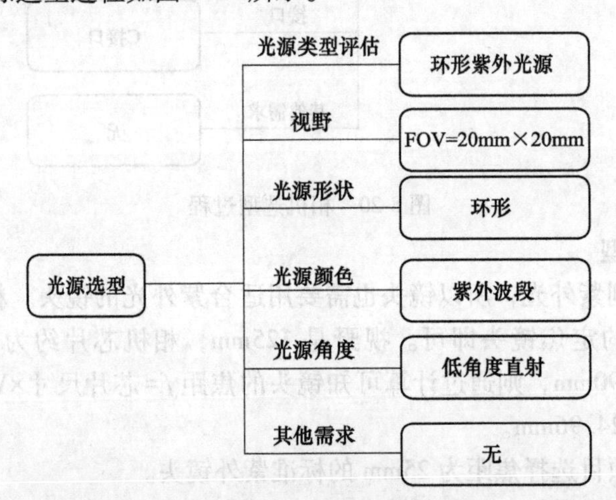

图 8-22　光源选型过程

8.4.4　项目最终效果和说明

项目最终效果如图 8-23 所示。

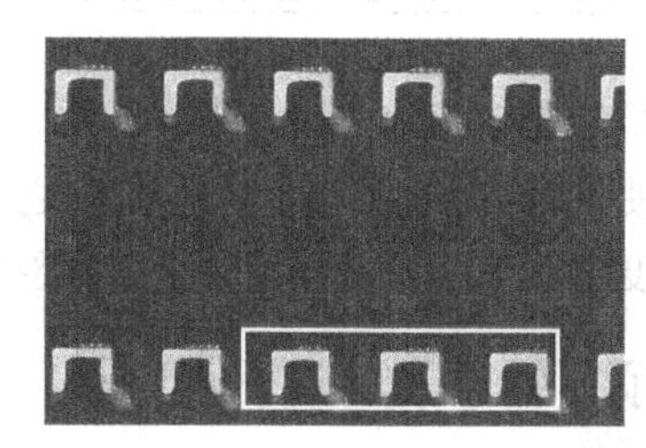

图 8-23　项目视觉硬件系统和效果图

可扫描二维码
观看彩色图片

该项目选用国内厂家奥普特生产的相机、镜头和光源，具体规格见表 8-3。

表 8-3　硬件型号参考

序号	硬件	型号	数量
1	相机	OPT-CC600-GL-04	1
2	相机网线	GigE-05M	1
3	相机电源	6S-TY-03	1
4	镜头	OPT-C5025-5M	1
5	光源	OPT-RI9030-UV（365nm）	1
6	光源控制器	OPT-DPA2024E-4	1
7	软件	SciSmart	1
8	Q2 视觉控制器主机	SCI-Q2-52206	1
9	Q2 电源	SCI-PS2-240	1
10	显示器	通用	1
11	无线触控键盘	罗技 K400	1
12	鼠标	通用	1
13	运动平台	按项目设计	1

本案例涉及的技术可应用于荧光剂检测的场合，比如零件啮合面积检测、荧光探伤和票据防伪等。

8.5 案例4：手机边框缺陷检测

缺陷检测是实际生产过程中应用频率很高的一道工序。缺陷的不规则性、不规律性使其成为检测领域中的难点之一，不过随着光源和相机功能的日益丰富以及深度学习算法的不断创新，该类技术难点在不断被突破。

8.5.1 项目需求及工艺分析

1. 项目需求

检测手机边框磨砂材质上的缺陷。

2. 产品图片及信息

如图 8-24 所示，手机尺寸为 162mm×76mm×6mm。检测目标是手机边框上的划痕、凹坑等缺陷。手机边框为铝合金材质，表面经过喷砂工艺处理过，侧面为弧形结构。

图 8-24 案例实物

3. 工艺分析

该项目主要检测产品表面的瑕疵，主要瑕疵类型包括划伤、压伤、脏污和其他未知缺陷。这些瑕疵具有随机性，并且没有特定的标准。

项目需求分析过程可见图 8-25。

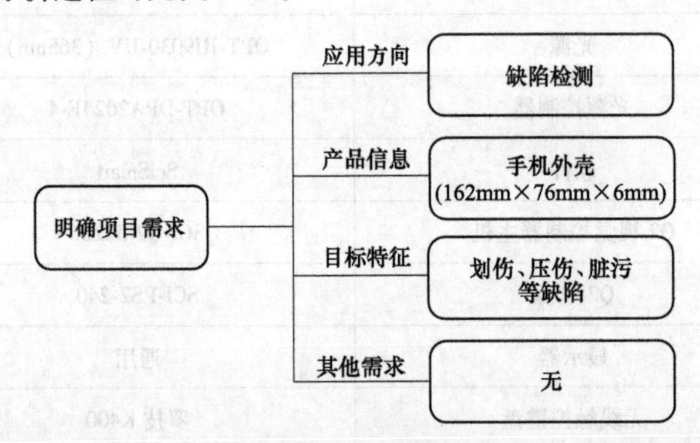

图 8-25 项目需求分析

8.5.2 硬件选型过程

1. 相机选型

由于手机边框的长度比较大，所以本项目采用分段拍摄的方式进行检测。

一般缺陷的尺寸非常小，假如划痕的大小为 0.02mm，则检测精度至少需要达到每个像素 0.02mm，视野可以设计为 15mm，正面打光。以 5 个像素的误差来进行计算，则

相机的分辨率 = (视野 / 精度) × 5 = (15mm/0.02mm) × 5 = 3750

选择 2000 万像素的相机即可满足需求。

本案例相机选型的过程如图 8-26 所示。

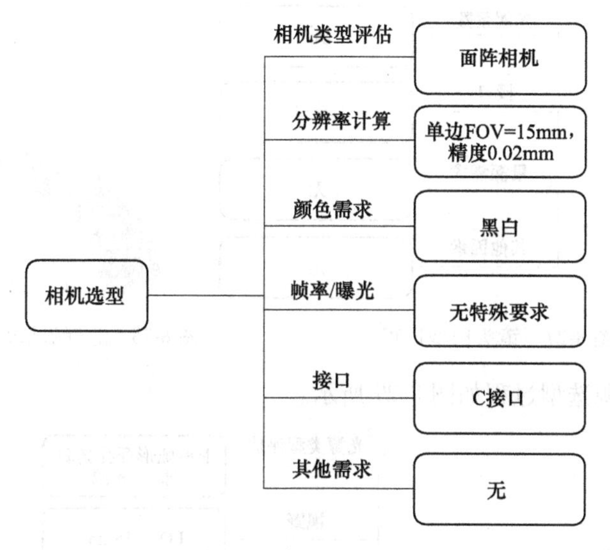

图 8-26　相机选型过程

2. 镜头选型

该项目中，产品侧边有一定的弧度，需要选取景深合适的镜头；且为满足高精度的需求，可以选择远心镜头。若相机芯片的大小为 8mm，则远心镜头的放大倍率 = 8mm/15mm ≈ 0.5。查看厂家的标准远心镜头的参数，选择满足要求的远心镜头即可。

本案例镜头选型的过程如图 8-27 所示。

8.5.3　光源选型

针对此类产品定制弧面缺陷检测光源（见图 8-28），解决了该类应用场景的主要痛点。该光源主要有以下优势：

优势一：解决了弧面打光很难保证均匀性的短板。

优势二：原反射面直接发光，表面有平行膜，出光更均匀，方向性更好。

优势三：两端不封闭，工件可直接穿过，不影响整体 CT。

优势四：开孔处的漫射板经特殊处理，与同轴光配合使用可消除黑圈与黑环。

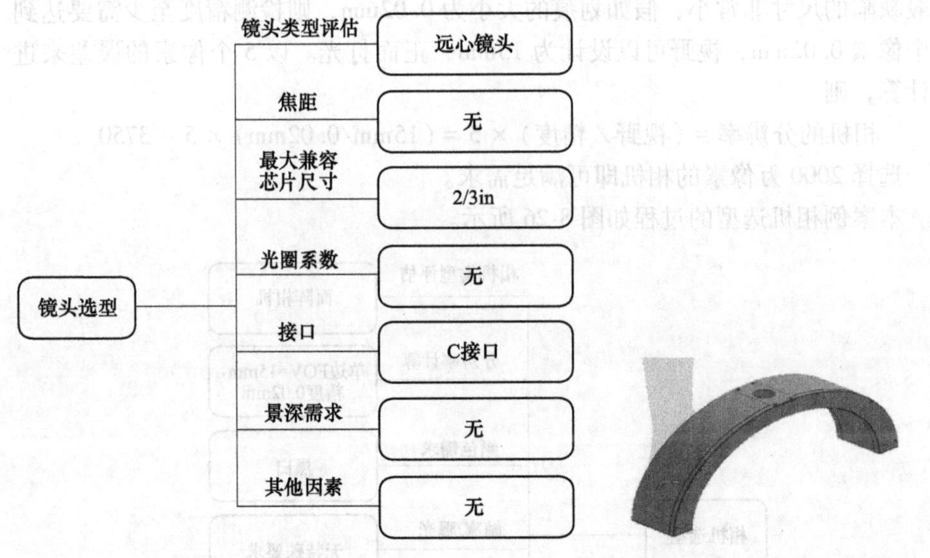

图 8-27　镜头选型过程　　　　图 8-28　非标弧形开孔光源示意图

本案例光源选型过程如图 8-29 所示。

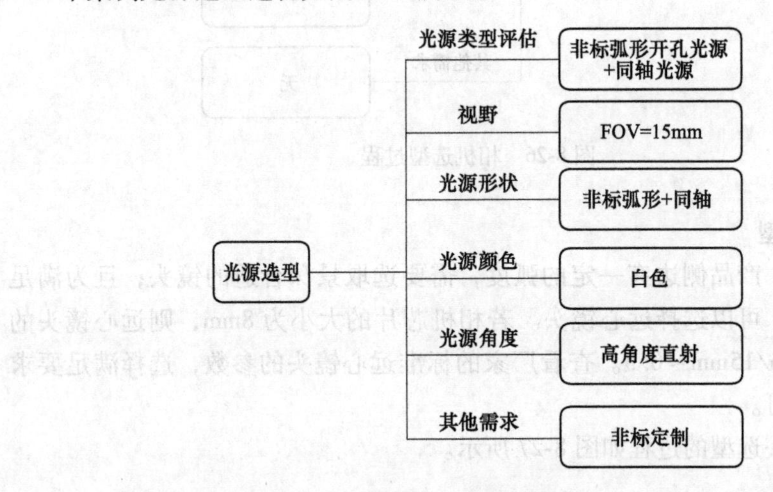

图 8-29　光源选型过程

8.5.4　项目最终效果和说明

光源是一种非标元件。在实际应用场景中，如果现有标准光源无法满足项目需求，可以根据实际项目特性进行定制，这也是 LED 光源的优势。项目最终效果如图 8-30 所示。

该项目选用国内厂家奥普特生产的相机、镜头和光源，具体规格见表 8-4。

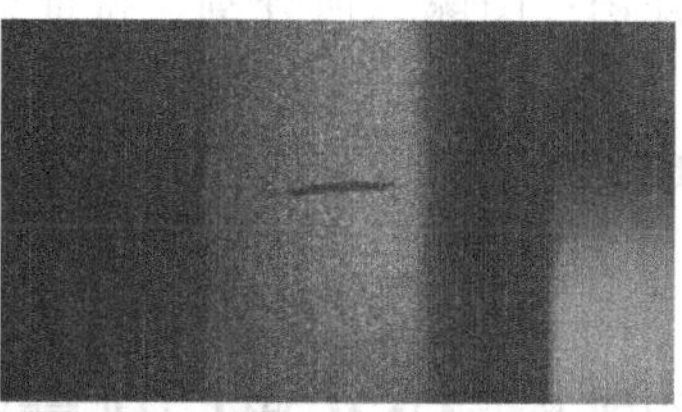

图 8-30　项目视觉硬件系统和效果图

表 8-4　硬件型号参考

序号	硬件	型号	数量
1	相机	OPT-CM2000-GL-04	1
2	相机网线	GigE-05M	1
3	相机电源	6S-TY-03	1
4	镜头	OPT-5M1-178	1
5	光源 1	OPT-CO50-B-V4. 2	1
6	光源 2	OPT-RIC29890-B	1
7	光源控制器	OPT-DPA2024E-4	1
8	软件	SciSmart	1
9	Q2 视觉控制器主机	SCI-Q2-52206	1
10	Q2 电源	SCI-PS2-240	1
11	显示器	通用	1
12	无线触控键盘	罗技 K400	1
13	鼠标	通用	1
14	运动平台	按项目设计	1

本案例涉及的技术研究点和价值：

硬件知识：

（1）镜头选型　该方案检测手机边框的缺陷，产品侧边有一定的弧度，需要选取景深合适的镜头。

（2）打光设计　工件为磨砂材质，可通过明场效果将整个面打亮，如果有划痕、异物、凹凸点等瑕疵，会使光的反射角度发生改变，呈现黑色，凸显特征。

（3）光源设计　根据产品弧边形状，定制非标拱形光源，拱形光源中间开孔，为降低开孔位置发光量不足对均匀性的影响，在拱形光源开孔位置增加同轴光源进行补光。

软件知识：图像二值分割、特征提取、特征分析、Blob 分析、边缘提取和拟合等。

研究成果的辐射：该项目方案也可应用于类似磨砂材料的表面检测和弧边检测。

8.6　案例 5：USB 接口外壳缺陷检测

本例介绍另外一个缺陷检测案例，强化读者对于缺陷检测硬件系统搭建的认知。

8.6.1　项目需求及工艺分析

1. 项目需求

该项目用于检测 USB 接口外壳的缺陷。

2. 产品图片及信息

产品尺寸约为 12mm × 11mm × 4.5mm，材质为铝合金，表面可能会有压痕、凹坑、划伤等缺陷，如图 8-31 所示。

图 8-31　案例实物图

3. 工艺分析

外观检测是机器视觉应用较多的领域之一。由于划痕缺陷大小和方向具有随机性，因此需要对整个区域进行处理，给检测带来挑战。

该方案需要巧妙利用划痕具有方向性的特点，多个角度照射检测表面，凸显划伤特征。

项目需求分析过程可见图 8-32。

8.6.2　硬件选型过程

1. 相机选型

一般缺陷的尺寸非常小，假如划痕的大小为 0.02mm，则检测精度至少需要达到每个像素 0.02mm。根据产品的尺寸，本项目设计产品的视野为 14mm，以最低 3 个像素的系统误差来进行计算，则：

相机的分辨率 =（视野 / 精度）× 3 =（14mm/0.02mm）× 3 = 2100

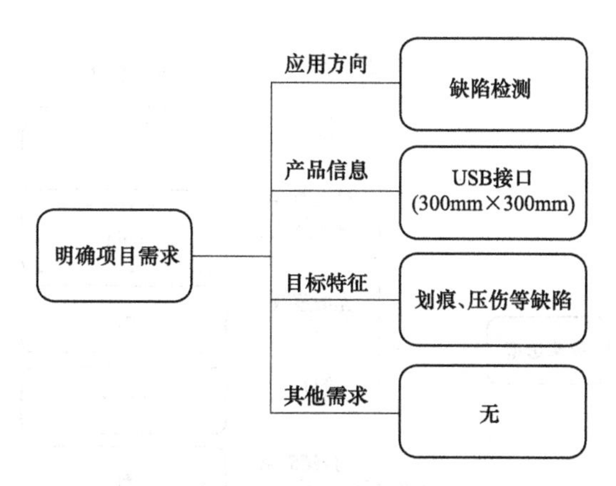

图 8-32　项目需求分析

故选择 500 万像素的相机即可满足需求。当然，也可以选择高于 500 万像素的相机，比如 800 万或 1000 万像素的相机可能效果会更好。

本案例相机选型的过程如图 8-33 所示。

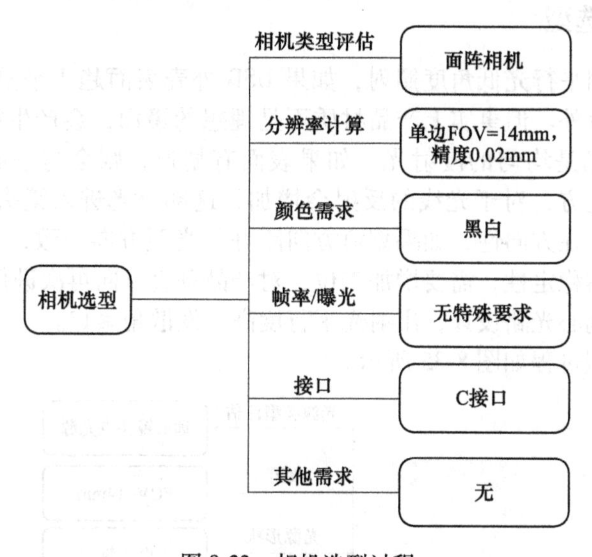

图 8-33　相机选型过程

2. 镜头选型

定焦镜头存在更大的视场角，镜头中心的聚光性会比边缘高，所以如果平行光源搭配定焦镜头使用，会产生中间亮、边缘暗的效果。为了消除镜头产生的畸变影响，选用远心镜头。查找厂家的相机资料可知，此案例的相机芯片尺寸为 2/3in，即芯片对角线长为 11mm，芯片宽 8.8mm，则远心镜头的放大倍率=8.8mm/14mm≈0.6。本案例镜头选型的过程如图 8-34 所示。

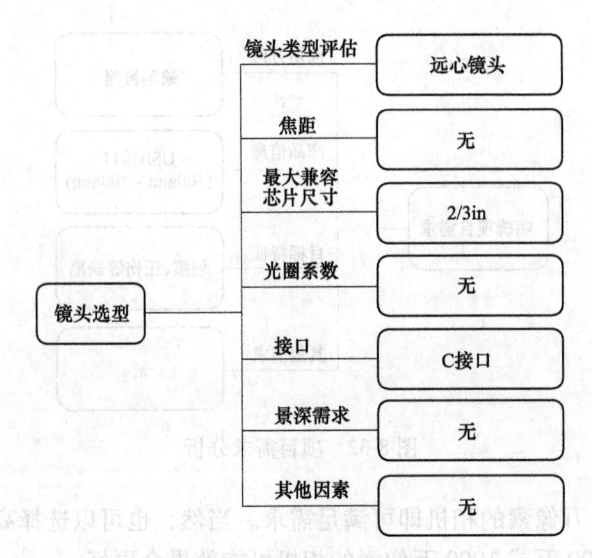

图 8-34　镜头选型过程

8.6.3　光源选型

该项目使用平行光低角度照射，如果 USB 外壳表面趋于平整，光线大部分被反射到镜头以外。但事实上产品材质不是理想的镜面，会产生漫反射，此时，镜头接收到的光是均匀的漫射光。如果表面有划痕，则会与平面存在高度差，在有高度差的地方，对于光线的反射会增加，这部分光进入镜头，会呈现明显的白色。划痕存在方向性，如果划痕方向刚好与光照方向一致，效果则会变差，所以要提高方案稳定性，需要增加工位，对产品垂直方向再次进行检测。

光源采用远心光路设计，出射光平行度高，发散角≤1°。

本案例选型过程如图 8-35 所示。

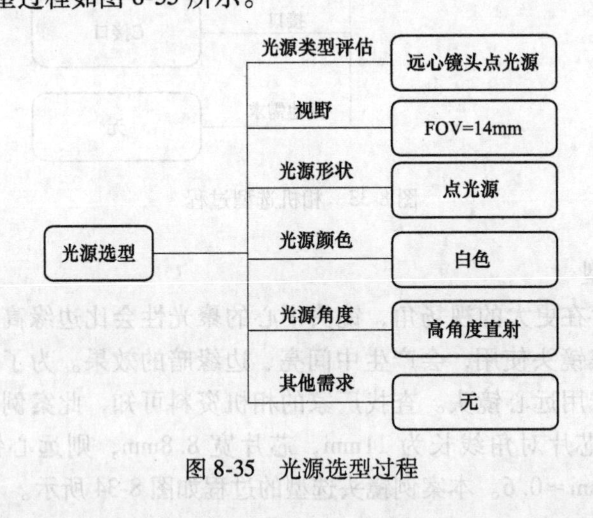

图 8-35　光源选型过程

8.6.4　项目最终效果和说明

该项目检测的主要特点是整体检测面积更小，对分辨率要求更高。该项目方案目前已经应用于实际生产过程中。在实际的生产过程中需要不断累积瑕疵类别，不断丰富样本，从而使检测效率不断提高。项目最终效果如图 8-36 所示。

图 8-36　项目视觉硬件系统和效果图

该项目选用国内厂家奥普特生产的相机、镜头和光源，具体规格见表 8-5。

表 8-5　硬件型号参考

序号	硬件	型号	数量
1	相机	OPT-CM500-GM-04	1
2	相机网线	GigE-05M	1
3	相机电源	6S-TY-03	1
4	镜头	OPT-TS0317-110	1
5	光源	OPT-PL55-B-V2. 0	1
6	光源控制器	OPT-DPA2024E-4	1
7	软件	SciSmart	1
8	Q2 视觉控制器主机	SCI-Q2-52206	1
9	Q2 电源	SCI-PS2-240	1
10	显示器	通用	1
11	无线触控键盘	罗技 K400	1
12	鼠标	通用	1
13	运动平台	按项目设计	1

本案例涉及的技术研究点和价值：

硬件知识：光源选型与设计，主要考虑到表面缺陷的多样性及方向的不确定性。打光时除了正面高角度光，还有其他角度的光也需要考虑。

软件知识：边缘提取、直线拟合、形态学处理、空间滤波、ROI 生成等。

研究成果的辐射：该成果可以辐射到手机外壳、家电外观、五金件外观检测等领域。

8.7 案例 6：零件分类

产品的分类在实际生产过程中经常出现。为节省物流周转的成本，经常会将同一属性的产品经由一种物流方式，最终统一执行分拣。本例选取零件分类作为案例讲述该类场景的使用方法。

8.7.1 项目需求及工艺分析

1. 项目需求

该项目需对 12 种零件进行分类。

2. 产品图片及信息

如图 8-37 所示，有 12 种各不相同的零件，最大零件为 10mm，最小为 4mm。零件高度相差不大。

3. 工艺分析

该项目主要是外形识别，其主要特点是产品种类多，要求对多种产品实现分拣功能。项目需求分析如图 8-38 所示。

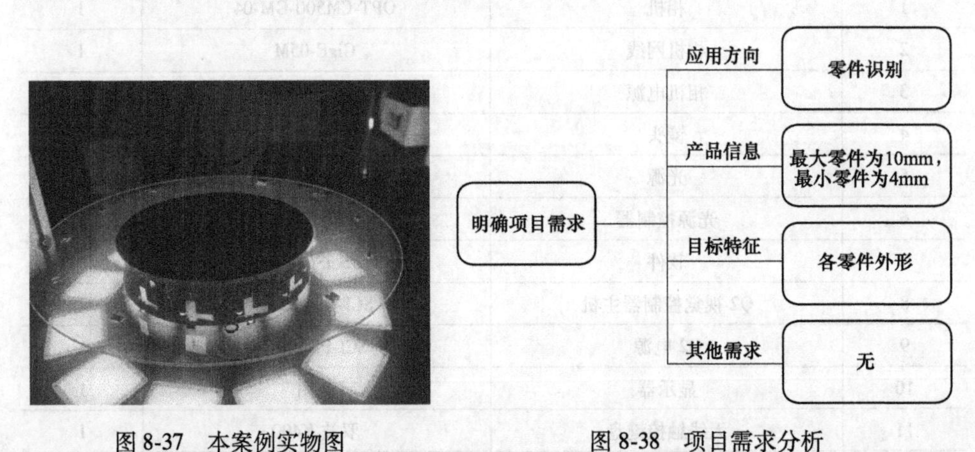

图 8-37 本案例实物图

图 8-38 项目需求分析

8.7.2 硬件选型过程

图像分类的任务就是给定图像中一个目标，正确识别出该目标的类别，涉及特征抽取、特征编码、学习、识别和分类等过程。分类算法具有一定的智能性。

1. 相机选型

该项目对精度没有特殊要求，需要进行飞拍，相机选择全局曝光。

本案例相机选型的过程如图 8-39 所示。

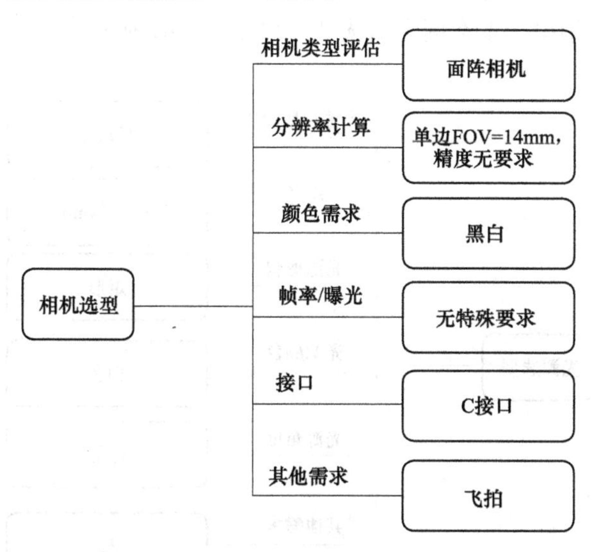

图 8-39　相机选型过程

2. 镜头选型

镜头选型过程如图 8-40 所示。

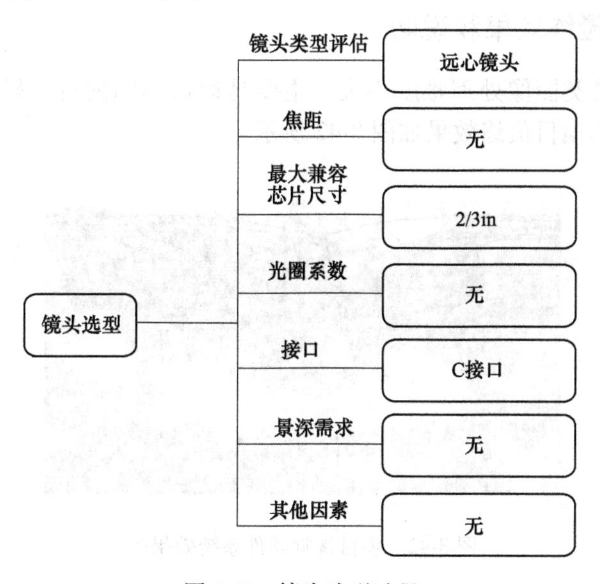

图 8-40　镜头选型过程

8.7.3 光源选型

该项目需要对多种零件进行分类，因每种产品轮廓特征都不相同，故采用背光方式将轮廓拍出。本案例光源选型过程如图 8-41 所示。

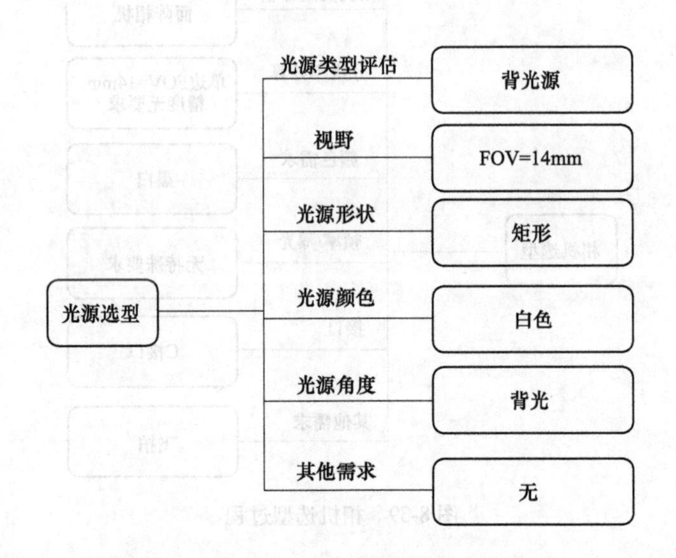

图 8-41　光源选型过程

8.7.4 项目最终效果和说明

该产品的分类图像处理难度不大，主要是通过不同的打光模式对不同的零件进行采像。本项目最终效果如图 8-42 所示。

图 8-42　项目视觉硬件系统效果图

该项目选用国内厂家奥普特生产的相机、镜头和光源，具体规格见表 8-6。

表 8-6 硬件型号参考

序号	硬件	型号	数量
1	相机	OPT-CM200-GM-04	12
2	相机网线	GigE-05M	12
3	相机电源	6S-TY-03	12
4	镜头	OPT-MH05-110A	12
5	光源	OPT-FL5050-W-V1. 1	12
6	光源控制器	OPT-DPA2024E-4	3
7	软件	SciSmart	1
8	X3 视觉控制器主机	SCI-X3-781C1G	1
9	显示器	通用	1
10	无线触控键盘	罗技 K400	1
11	鼠标	通用	1
12	运动平台	按项目设计	1

本案例涉及的技术研究点和价值：

硬件知识：从光源设计来看，需要对多种零件进行分类，因每种产品轮廓特征都不相同，采用背光方式将轮廓拍出。该项目对精度没有特殊要求，需要进行飞拍，相机选择全局曝光。因产品尺寸较小，为减小定焦镜头过多接圈对成像的影响，使用远心镜头。

软件知识：特征提取、分类器原理。

研究成果的辐射：该成果可以应用于常见物体识别及细粒度物体的识别。

分类器是一个根据类别特征来进行分类的工具。分类器本身不计算特征。这些特征可以通过 Blob 模块、颜色测量模块，或者专门的特征抽取模块获取。

分类器的基本原理是先向分类器中添加各个类别的样本特征，并设置输入特征的一些参数，根据添加的样本特征来训练分类器，用训练后的模型来对每一个待分类的特征与各个类别的偏离度进行计算，如果最小的偏离度小于阈值，就将该类作为分类的结果，否则剔除。在使用分类器算子前，我们需要从其他模块获取需要的特征，比如 Blob 模块、颜色测量模块等。分类器一次只能对一个目标物体进行分类，暂不支持同时对多个物体进行分类，对尺度有缩放、遮挡的物体也不能进行分类。

8.8 案例7：药品有无检测

在医疗行业，药品有无的检测应用非常广泛，是产品包装前的一个重要环节。产品通常有包衣或表面覆盖薄膜，这也是该工艺中的主要应用特点。

8.8.1 项目需求及工艺分析

1. 项目需求

该项目用于检测药片胶囊是否漏装。

2. 产品图片及信息

如图8-43所示，药品为常规胶囊，2排6列，胶囊外包装是圆弧状且透明的材质，反光比较严重，需要利用偏光片进行校正。

胶囊外包装的尺寸约为：100mm×60mm。

3. 工艺分析

该项目的需求分析过程如图8-44所示。

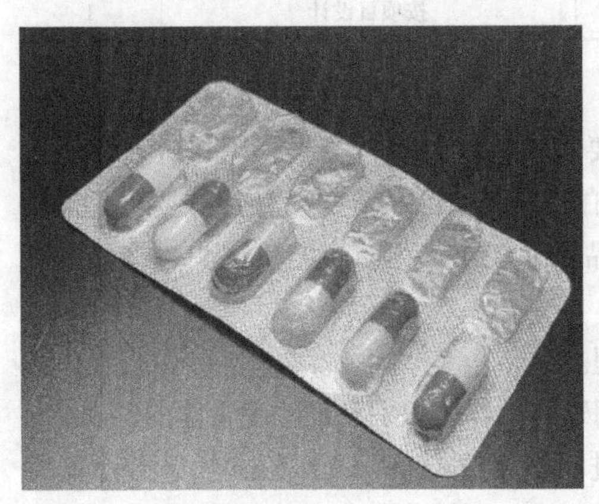

图8-43 本例实物图片

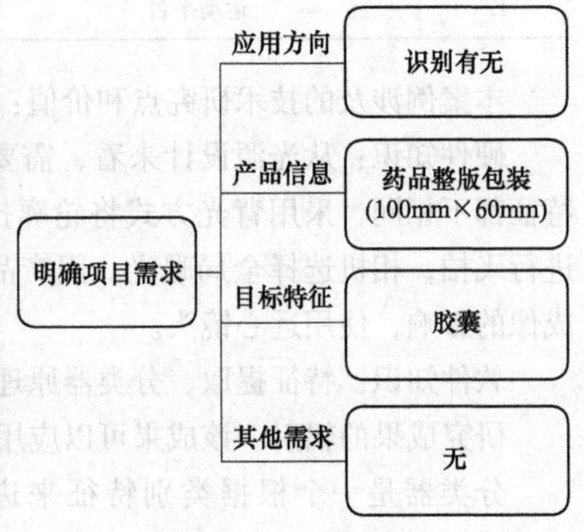

图8-44 项目需求分析

8.8.2 硬件选型过程

1. 相机选型

由于是检测胶囊的有无，对相机精度要求不高。本案例相机选型的过程如图8-45所示。

2. 镜头选型

该项目镜头选择时首先应考虑视野和工作距离，另外，因胶囊外部覆盖一

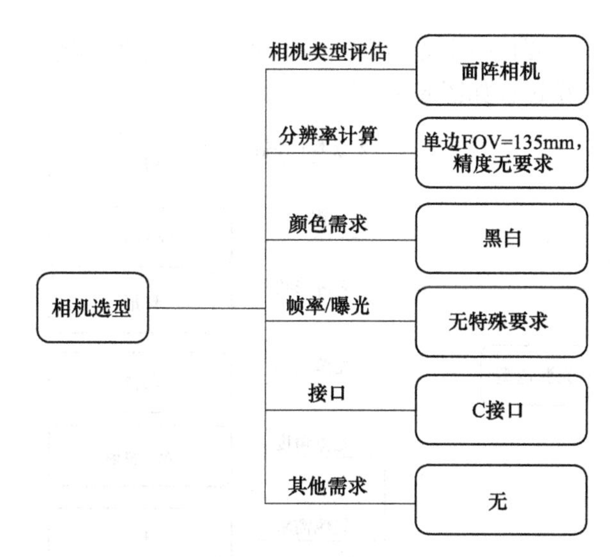

图 8-45　相机选型过程

层塑料物质，容易对环境光和直射光源造成干扰，所以使用偏振光过滤干扰，以达到理想的采像效果。

本案例镜头选型过程如图 8-46 所示。

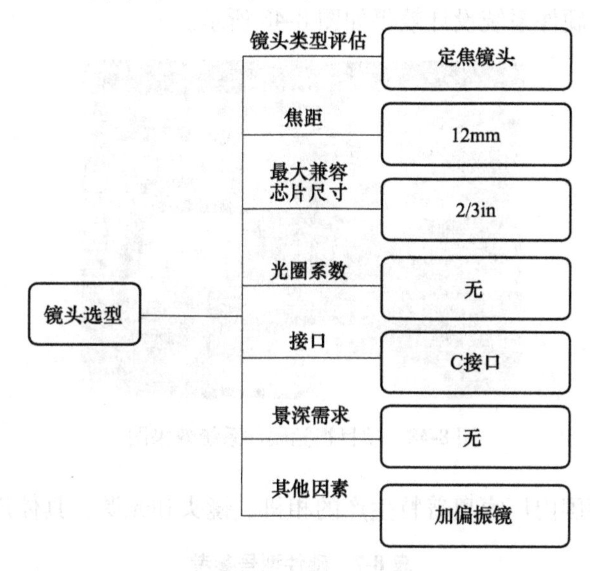

图 8-46　镜头选型过程

8.8.3　光源选型

胶囊外包装是圆弧状且透明的材质，反光比较严重，直接用光源照射很难识别胶囊有无，所以要用一个光学配件偏振片去解决这个问题。

本案例光源选型过程如图 8-47 所示。

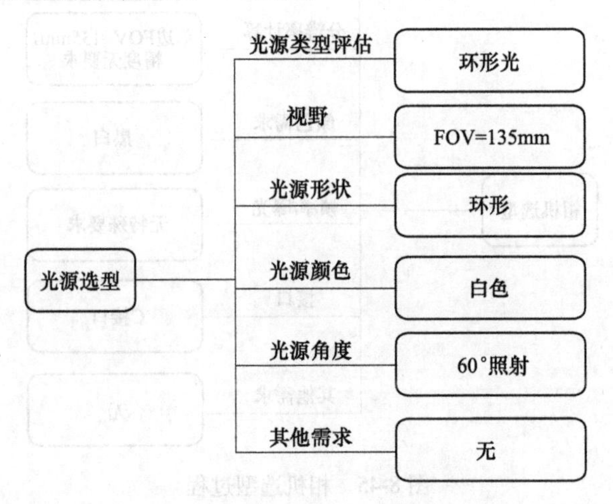

图 8-47　光源选型过程

8.8.4　项目最终效果和说明

该项目最终硬件系统设计效果如图 8-48 所示。

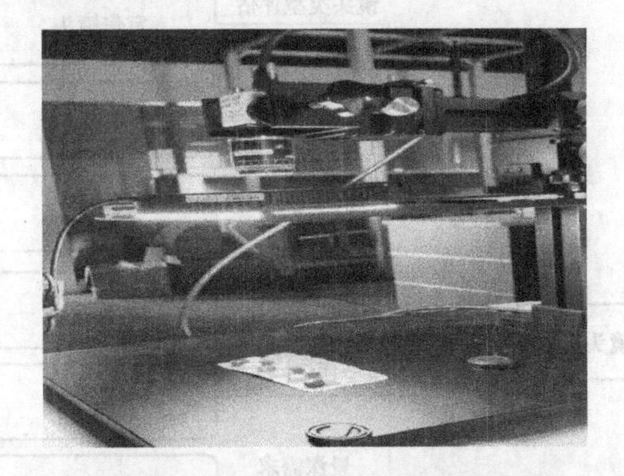

图 8-48　项目视觉硬件系统效果图

该项目选用国内厂家奥普特生产的相机、镜头和光源，具体规格见表 8-7。

表 8-7　硬件型号参考

序号	硬件	型号	数量
1	相机	OPT-CC600-GL-04	1
2	相机网线	GigE-05M	1

（续）

序号	硬件	型号	数量
3	相机电源	6S-TY-03	1
4	镜头 1	OPT-C1216-5M	1
5	镜头 2	OPT-PPZ30（偏振镜）	1
6	光源	OPT-RI15060-W-V4. 0	1
7	光源控制器	OPT-DPA2024E-4	1
8	软件	SciSmart 软件	1
9	Q2 视觉控制器主机	SCI-Q2-52206	1
10	Q2 电源	SCI-PS2-240	1
11	显示器	通用	1
12	无线触控键盘	罗技 K400	1
13	鼠标	通用	1
14	运动平台	按项目设计	1

本案例涉及的技术研究点和价值：

硬件知识：光源选型，偏振片的概念和应用。

软件知识：彩色图像分割、颜色提取、特征分析、Blob 分析。

研究成果的辐射：该成果可以应用于其他类型的反光严重的场景中。

习　题

1）产品瑕疵检验视觉系统硬件搭建需要注意哪些因素？

2）在轮廓识别中为何经常选用背光光源？

3）如果遇到一个未知的工艺要求，如何逐步搭建最适配的硬件系统？

4）从本章的几个硬件实践中能总结出什么样的硬件系统设计原则？

参 考 文 献

[1] 白延柱，等．光电成像技术与系统［M］．北京：电子工业出版社，2016.
[2] 余文勇，石绘．机器视觉自动检测技术［M］．北京：化学工业出版社，2013.
[3] 王庆有，尚可可，逯力红．图像传感器应用技术［M］．北京：电子工业出版社，2019.
[4] Ahmed Nabil Belbachir. 智能摄像机［M］．程永强，等译．北京：机械工业出版社，2013.
[5] 邵欣，马晓明，徐红英．机器视觉与传感器技术［M］．北京：北京航空航天大学出版社，2017.
[6] 蒋正炎，许妍妩，莫剑中，等．工业机器人视觉技术及行业应用［M］．北京：高等教育出版社，2018.